浙西柑橘

低碳发展技术与转型共富优秀案例

◎ 吴 群 程慧林 孙仁华 李荣会 等 编著

中国农业科学技术出版社

图书在版编目（CIP）数据

浙西柑橘低碳发展技术与转型共富优秀案例 / 吴群
等编著 . -- 北京：中国农业科学技术出版社，2022.11
　ISBN 978-7-5116-5985-9

　Ⅰ . ①浙… Ⅱ . ①吴… Ⅲ . ①柑桔类—果树园艺—浙
江 Ⅳ . ① S666

中国版本图书馆 CIP 数据核字 (2022) 第 199869 号

责任编辑	金　迪
责任校对	马广洋
责任印制	姜义伟　王思文

出 版 者	中国农业科学技术出版社
	北京市中关村南大街 12 号　邮编：100081
电　　话	（010）82106625（编辑室）（010）82109702（发行部）
	（010）82109702（读者服务部）
网　　址	http: // castp.caas.cn
经 销 者	各地新华书店
印 刷 者	北京建宏印刷有限公司
开　　本	170 mm×240 mm　1/16
印　　张	2.875
字　　数	90 千字
版　　次	2022 年 11 月第 1 版　2022 年 11 月第 1 次印刷
定　　价	56.00 元

《浙西柑橘低碳发展技术与转型共富优秀案例》

编委会

主　　任	闫　成　　郑明福
副主任	姜根太　　徐志宇　　薛颖昊　　吴　群

编著人员

主编著	吴　群　　程慧林　　孙仁华　　李荣会
副主编著	郑雪良　　方　慧　　孙元丰　　巫优良
	毕旭灿　　孙建城
参　　编（按姓氏笔画排序）	

王思楚　　张霁萱　　王玉娟　　陈旭蕾

严　波　　方　俊　　杨午滕　　李　群

刘烨珏　　金昌盛　　张志慧　　雷　靖

张姬雯　　毛莉华　　薛颖昊　　徐志宇

李晓阳　　胡潇方

前　言

衢州位于浙江西部，是浙西地区最大的柑橘种植区。衢州处于柑橘生产的北缘地带，属次适宜区，常受低温冻害的影响，但衢州人对种植柑橘有着浓厚的情怀。20 世纪 80 年代到 21 世纪初，衢州人因种柑橘特别是椪柑，效益好、发展快、保鲜技术先进、销售队伍齐备，在物资供应不是很丰富的时代逐步积累了财富。

进入 21 世纪，衢州柑橘"三疏一改"技术的提出与推广使具有悠久历史的衢州柑橘重新焕发青春，柑橘产量和品质都踏上了新的台阶，种植规模快速扩大，2008 年产量达到历史最高。但 2008 年衢州柑橘遭受冻害，同时第一次遇到柑橘销售难的问题。衢州柑橘在经历全国柑橘面积、产量迅速发展的八年后，又遇上一场严重雨雪冰冻天气，对衢州柑橘发展带来强烈冲击。

2017 年衢州柑橘走上绿色低碳的转型发展之路。全市通过大力发展柑橘新品种，鼓励适度规模种植，推广橘园绿色防控技术，奖补柑橘设施大棚和水肥一体化设备，开展橘园减肥减药行动等一系列措施，逐步改变过去追求高产量、高投入的发展方式。在这期间，关注衢州柑橘发展的科技工作者们继承并更新了以前的技术，总结并扩展了发展中的经验模式，独辟蹊径，让衢州柑橘产业走出一条绿色生态、低碳循环的共富发展之路。

目　录

第一章

衢州柑橘发展概况

一、衢州柑橘种植历史

柑橘是世界上最重要的商品水果之一，是我国亚热带地区栽培面积最广的果树，它包括的种类很多，主要栽培的有甜橙、宽皮柑橘、柚、金橘、柠檬等，而每一种类又有许多优良品种。衢州柑橘种植历史悠久，有"柑橘之乡"的美名。

公元前3世纪（约战国时），古籍《尚书·禹贡》一书就载有"淮海惟扬州，厥苞橘柚锡贡"。当时衢州属扬州地域。记载4 000年前的夏朝，我国的广西、江苏、江西、浙江、湖南、湖北等地生产的柑橘，已列为贡税之物。到了秦汉时代，柑橘生产得到进一步发展。

北魏郦道元撰《水经注》云："谷水又东，定阳溪水注之。水上承信安县之苏姥布……径定阳县。夹岸缘溪，悉生支竹，及芳枳木连、杂以霜菊金橙，白沙细石，状如凝雪。"（文中信安即为今日衢州）。《史记·苏秦列传》（西汉司马迁著）记载："齐必致鱼盐之海，楚必致橘柚之园"，说明楚地（湖北、湖南等地）的柑橘与齐地（山东等地）的鱼盐生产并重，《史记》中还提到："蜀汉江陵千树橘，……此其人皆与千户侯等。"可见当时柑橘生产已有相当规模。

衢州种橘历史悠久。如果从《水经注》记载算起，那么衢州的柑橘历史至少有 1 400 多年了。

南宋时，衢州柑橘进临安销售。至明清，衢州柑橘闻名中华，那时衢州柑橘集中产于柯城航埠、常山招贤，那时的航埠即有"橘柚乡"之称。

民国《衢县志》记载："（柑橘）从前出产每年有数十万担之多。自明入贡，晚清始罢免。民国五年（1916 年）大冻，损折殆尽，至今种植者尚未成林，出产遂大减。"嗣后，日本侵略军两次侵犯破坏，柑橘生产损失严重，加之病虫灾害，至 20 世纪 40 年代，衢州柑橘已渐趋衰微。新中国成立后，特别是改革开放以来，衢州柑橘生产发展迅速，种柑橘是衢州百姓的重要收入来源。农村建设自住房、娶妻生子、子女教育等费用大都由卖橘所得支出，并由此形成了一批从事柑橘贩销的队伍。有统计以来，衢州柑橘最大产量为 2008 年 91.2 万吨，最大种植面积为 2009 年 66.3 万亩（1 亩 ≈667 米^2）。

二、衢州柑橘发展现状

近些年"衢州椪柑""常山胡柚"获得国家地理标志产品。2018 年产季统计全市柑橘面积约 32.8 万亩，比最高峰减少近半。从 2008 年衢州柑橘出现卖难问题到 2018 年产季，近十年每隔几年都会出现卖难问题。随着社会发展，各种柑橘新品种涌现、现代物流快速发展和消费需求的高端多元化，衢州主栽品种椪柑的市场需求减少，竞争力减弱，效益降低。政府、社会各界都齐心协力促销衢州柑橘。2016 年衢州又遭遇罕见的雨雪冰冻天气，柑橘受害严重。在市委市政府高度重视下，开展柑橘产业转型升级，经过四年恢复和转型，柑橘品种结构有了调整，品质有所提升。常山胡柚因地域特色鲜明，栽培面积稳定，市场需求波动不大，再加上加工和中药饮片的开发，效益状况逐步向好。

第二章

衢州地理气象特点

一、衢州地理位置

衢州为浙江省地级市。位于浙江省西部，钱塘江上游，金（华）衢（州）盆地西端，地理坐标为东经 118°01′ ～ 119°20′，北纬 28°14′ ～ 29°30′。总面积 8 844.79 千米²。衢州南接福建南平，西连江西上饶、景德镇，北邻安徽黄山，东与省内金华、丽水、杭州三市相交。"居浙右之上游，控鄱阳之肘腋，制闽越之喉吭，通宣歙之声势"，川陆所会，四省通衢。下辖柯城区、衢江区、江山市、龙游县、常山县和开化县。2018 年户籍人口 257.88 万人。

二、衢州气候特征

衢州市域属亚热带季风气候区。全年四季分明，冬夏长、春秋短，光热充足、降水丰沛、气温适中、无霜期长，具有"春早秋短、夏冬长，温适、光足，旱涝明显"的特征。全年冬季风强于夏季风，最多风向市区、常山为东北偏东风向，龙游、江山为东北风，开化为北风。境内地貌多样，春夏之交，复杂的地形条件有助于静止锋的滞留，增加降水机遇。盛夏之际，台风较难深入境内，影响较小，晴热天气较多。

春季。先后从 3 月 14—18 日进入春季，5 月 19—20 日结束，历时 66 ～ 72 天。春季冷暖空气频繁交替，气温呈波状上升。雨水明显增多，晴雨瞬变，遇强冷空气侵袭时，易产生冰雹大风。

夏季。先后从 5 月 20—29 日进入夏季，历时 113 ～ 133 天。夏初至 7 月初，为全年降水最多的时期，梅雨季节，雨日多，降水量大，并常有大雨、暴雨，易造成洪涝灾害。梅雨期后，各地进入盛夏，以晴热天气为主，易发生旱灾。降水量少，多为午后局部雷阵雨，雷雨时常伴有大风，造成风灾。盛夏是全年台风出现最多的季节，但入境次数较少，影响不大，台风带来的降雨常能缓解旱情，但局部地带也可能形成山洪暴发等灾害。

秋季。自 9 月 19—30 日，境内先后进入秋季，11 月 18—29 日结束，历时 60 ～ 61 天。初秋，冷暖空气相持，形成低温阴雨天气，但整体以晴天少雨天气为主，时有干旱，形成夏旱连秋旱。深秋，天气晴好，气温宜人，俗称十月小阳春。

冬季。从 11 月 19—30 日进入冬季，翌年 3 月 13—17 日结束，历时 105 ～ 119 天。冬季冷空气活动频繁，天气干冷，常有霜、雪、冰冻等天气。遇寒潮侵袭，易产生大雪、冰冻等灾害性天气。

1. 光能资源

太阳辐射总量，全市为 101.9 ～ 113.5 千卡[①]/厘米²。其地区分布不均衡，低丘、平原高于高丘、山地，低丘平原为 107.8 ～ 113.5 千卡/厘米²，是全省高区之一，西北山区和东南山区较少，如开化城关仅 101.9 千卡/厘米²。其时间分布，1 月最少，7—8 月最多。全年日照时数为 1 785.7 ～ 2 118.6 小时。最多年份是 1963 年，年日照总量为 2 456.2 小时，最少年份是 1989 年，年日照总量为 1 401.7 小时。

2. 热量资源

年平均气温为 16.3℃（开化）～ 17.4℃（市区）。1 月平均气温 4.5 ～ 5.3℃；7 月平均气温 27.6 ～ 29.2℃；近 20 年 ≥ 10℃活动积温 5 787 ～ 6 436℃，持续时间 280 ～ 296 天，历年平均初霜

---

① 1 千卡 ≈4.185 9 千焦，全书同。

日期 11 月 19 日，终霜日期 3 月 5 日，无霜期 251 ～ 261 天。境内极端最高气温 41.8℃（常山天马镇），极端最低气温 –13.8℃（龙游县六春湖山顶），海拔 440 米的梧村，曾记录过 –13.9℃。

3. 降水资源

降水量从 1 月开始逐月增加，春季受华南静止锋影响，各地 3—4 月雨量在 395 ～ 440 毫米，占全年的 23% ～ 26%。5 月初到 6 月底，正值春末初夏季节替换，雨量、雨日剧增，总雨量在 500 ～ 610 毫米，是全年降水量最多又最集中的时段，容易引发洪涝灾害。7 月上旬开始，受太平洋副热带高压控制，全市进入盛夏高温季节。9 月以后，冬季风势力增强，降水量逐渐减少，10 月到翌年 2 月降水量全市在 370 ～ 392 毫米，为全年的 21% ～ 23%。7 月、8 月、9 月 3 个月的总降水量全市为 337 ～ 407 毫米，占年降水的 20% ～ 22%。这时期由于气温高、蒸发大，容易发生旱情，又称为干旱期。

降水地域差异明显，各地年平均降水量为 1 500 ～ 2 300 毫米，沿江河谷平原在 1 700 毫米以下，向两侧丘陵山地递增，递增率为 40 ～ 80 毫米 /100 米，其中以 3—6 月增率最大。南北山区降水多于中部平原，西部降水多于东部。

4. 主要灾害性气象

本市主要气象灾害有洪涝、干旱、大风、冰雹和大雪。

洪涝。与梅雨期多暴雨（日雨量大于 50 毫米）和大暴雨（日雨量大于 100 毫米）有关，梅雨期暴雨占全年的 60% ～ 70%。洪涝的发生频率西部高于东部，山区高于平原，与暴雨的地理分布一致。梅雨期暴雨沿江平原年均 2 ～ 3 次，溪流河谷和丘陵山区年均 3 ～ 5 次。

干旱。四季皆有发生，夏旱的发生频率最高，其次是秋旱和冬旱，春旱少见。旱情的分布特点是：大旱不进山，旱在黄土岗，沿江平原及其两侧丘陵地区干旱发生频率比山区高，旱情也重于山区。

大风。八级以上大风全年各月均有发生，以盛夏最多，占全年大风总次数的 40%～50%，春季次之，占 17%～27%。大风出现次数以常山最多，年均 5 次左右，个别年份达 15 次之多，江山、龙游和衢江、柯城年均 3～4 次，开化最少，年均 2～3 次。

冰雹。大都出现在春夏两季，尤以春夏之交的 4—5 月最多，占一半以上。江山冰雹最多，年均接近一次，常山、龙游和衢江、柯城次之，约 2 年一次。开化最少，平均 4～5 年才出现一次。冰雹的移动线路：有 5 条自江西省入开化、常山、江山等县（市），然后向偏东方向移动；1 条自淳安县和建德市进入衢江区，后折向东南移到龙游境内。

大雪。90% 以上集中在 1—2 月。除山区外，其他地区每年出现一次左右，最多一年出现 8 次，也有不少年份全年无大雪。

第三章

衢州柑橘建园技术

一、园地选择

衢州盆地地形，多低丘缓坡（图3-1）。随着农业现代化发展，各种技术逐步成熟，高标准建园必须做到以下几点。

（1）因地制宜地选择园地，高标准规划果园。丘陵山地建园必须修筑等高水平梯田，并开沟、撩壕、改良土壤。

（2）水利设施、电力设备配套。稳定的水源供给和完善的灌溉

图3-1 衢州盆地低丘缓坡橘园

渠道或滴灌系统是现代建园的前提；稳定的电力设备为肥水一体化灌溉系统和山地运输系统提供能源保障。

（3）根据定植点挖定植穴或者种植行抽槽起垄，施足腐熟的有机底肥。

（4）严把柑橘苗木质量关。利用柑橘无病毒苗木繁育基地繁育无病毒柑橘苗，首选优质无病毒良种壮苗、健苗定植，提倡用营养钵苗，最好 2～3 年大苗移栽，有利于节本增效。

（5）把好定植质量关。定植必须严格操作技术，栽植深度要适宜，适当高出地面，栽后及时浇足定根水，以提高成活率。

二、园地规划

为了便于管理，大面积建柑橘园，必须高标准严要求，认真作好橘园规划。未雨绸缪，以便后期管理省力化。规划内容包括：小区划分、道路设置、排灌设施和防风林设置、水土保持工程和橘园建筑物布局等。

1. 橘园小区划分

小区划分应以有利于橘园耕作管理和山地水土保持为原则。小区的形状、大小要与地形、土壤和小气候特点相适应，并要与道路、水利系统、梯田布局等结合起来（图 3-2）。在自然环境基本一致的情况下，不必划分小区。但面积较大，地形变化较大的地方，应按照地形、土壤等具体情况进行合理的区划：小区以长方形为宜，面积 30～50 亩为一区较适宜，小区长宽比 2∶1 或 5∶1。平地小区长边应取南北向，与果树行向一致。这样植株之间彼此荫蔽少。坡地橘园可以每几个梯级划分为一个小区，长边必须与等高线平行，这样便于耕作和排灌，且与自然环境相适应。小区面积不宜过大、过小，过大不便于管理，过小机械耕作效率低。

道路设置以合理利用土地，便于橘园管理和交通运输为原则，同时应与小区划分相配合。小型橘园，可设置一两条道路，居中为一条主道，路宽 5～6 米，区间设小道与主道相连。大面积橘园必

图3-2　现代橘园小区规划

须经过调查和测量，设置主道、支道和步行道。主道是全园的交通干线，能通行大型机动车辆、并能通往每个小区和山头。一般宽6～8米，同时要与附近交通要道相通。主道最好沿山脚或山脊。坡面过长时，应在半山腰加设一条环山道。陡坡山地道路应环山弯曲而上，呈"之"字形，以利于行车和防止水土流失。支道设在小区的四周，一般宽3～5米。此外，还要根据地形变化，方便管理，合理配置若干步行道。步行道宽1.5～2米。步行道连支道，支道连主道，构成纵横交错的交通道路网络。

衢州市年降水量从总量上讲已足够柑橘生长的需要。衢州市降水量分布不均，上半年雨量过多，下半年雨量过少，特别是梅雨季节过后8—10月，有的年份甚至几十天不下雨，而这时又正是柑橘果实和秋梢迅速生长时期。此时无水不仅影响果实迅速膨大、降低当年产量，而且使秋梢抽生不好，影响第二年产量。根据科学研究，此时期每月的降水量要达到120～150毫米，才能满足柑橘正常生长需要。因此，在大面积建园时必须考虑解决旱季灌溉的水源问题。解决办法是利用附近河流、水库、湖泊的水源，也可就地修筑山地蓄水池，或者挖井提水灌溉。灌溉时可利用排水沟或提水设备，先将水引至地势最高处，然后由排水沟逐段向下流灌。为了节约水源，可将水引至最高处的蓄水池中，然后利用自然水压通过皮管或者微喷带引水逐行浇灌。有条件的橘园可安装水肥一体化设备，使用喷灌或滴灌。

橘园排水沟的挖掘依地势地形而定，每小区的四周设立支沟，沿主道两侧设立总排水沟，支沟连总沟，总沟通向山塘或河流。一般总排水沟的沟底宽 50 厘米左右，沟深 50～70 厘米；支沟宽、深各 30 厘米左右。山地橘园支沟则设在每级梯田的内侧，为减轻水土冲刷，直向的总排水沟沟底应做成梯级形，并在每级跌水的地方，挖一深约 50 厘米的跌水坑，以减缓水速，沉积泥沙。沟底及沟壁最好砌石块或铺草皮，有条件的用水泥硬化，以避免水流冲刷。

面积较大或坡度较陡的山地，为避免山上洪水冲入橘园内毁坏橘园，应在橘园与未开垦地之间，沿等高线修筑横向防洪沟，沟的宽深约 70 厘米。

2. 山坡地建园

因山坡地地形、地貌复杂，土层和坡度变化大，水土保持是关键。必须注意以下几个方面。

（1）海拔高度。一般海拔高度每升高 100 米，气温下降 0.5～0.6℃，海拔过高冬季易遭受冻害，不宜建园。通常选择海拔 30～150 米的山坡地较理想。

（2）坡度以缓坡为好。一般要求坡度在 15° 以下，最陡不得超过 20°。

（3）选择好坡向。坡向不同，温、湿度不同，一般南坡，日照较多，较温暖，物候期开始早，果实成熟也相应提前。但南坡蒸发量较北坡大，因此容易干旱。西坡和东坡介于南坡与北坡之间。但西坡夏、秋日照强，易产生日灼果，易伤根。在北亚热带地区，宜选东南坡和南坡。

（4）选择好土壤。选择土壤时，应遵循宜深不宜浅、宜松不宜黏、宜酸不宜碱的原则。

（5）选择有水源的地方。附近应有充足的水源，以保证柑橘对水分的需要。

（6）搞好水土保持。坡地建园往往水土流失严重，必须建好水平梯田，并采取综合治理措施，有效地防止水土流失。

3. 平地建园

因平地地势开阔，地面起伏不大，但也存在地下水位较高，易积水的问题。因此，平地建园除了要选择地势较高的园地外，还要根据地下水位的高低，重点解决排水问题。采取深沟起垄种植的办法，同时建立完善的排灌系统，做到能排、能灌。此外，在土质为纯沙或淤泥层相间的地带，应进行土壤改良，破坏淤泥层，消除地下水位高的现象，以利于柑橘根系生长。在沿江边的平地建园，要修筑防洪堤，防止洪水侵袭。

4. 河谷、沙滩地建园

由于沙滩地土层薄、质地沙、土壤呈酸性反应，有机质和有效养分含量低，肥水容易渗漏，地下水位季节性变化大，保水、保肥力差，不利于柑橘树的正常生长。因此，在河谷沙滩建园必须改良土壤、降低水位，改善土壤理化性状是提高成活率的关键。应深沟、高畦，开沟排水。此外在种柑橘树之前应先种植防风林，固沙、防晒。

沙滩地常位于山区的溪流两岸或两溪会合的三角地带。沙滩地土层浅薄，沙性重，有机质和有效养分的含量都很低，保水、保肥力差，昼夜温差大。地下水位随季节变化大，雨季地下水位过高，而旱季太低，蒸发量大，难以控水。此外，沙土吸热、传热快，盛夏地表温度可达60℃以上。而冬季的夜晚地温又偏低。这些都不利于柑橘树的生长。衢江区蜜之源家庭农场橘园就位于衢江旁的沙滩地，因此，要利用沙滩地种植柑橘，必须对沙滩地进行土壤改良。

（1）在河谷沙滩地种草、种树，削减水位暴涨、暴落时的流速，促进泥沙沉积，逐渐加厚土层。

（2）在溪边建筑防水坝，既可防止泥土被洪水冲走，又可作橘园道路利用，方便交通运输。

（3）取客土加厚沙滩地土层，改良土壤。

（4）种植绿肥，增施有机肥料，提高土壤有机质的含量。夏季种豆科作物。秋冬季种箭舌豌豆、紫花苜蓿、蚕豆等，待其开花时割压埋入土中或覆盖。

（5）采取深沟高垄方式栽植柑橘树，以利雨季排水和降低地下水位。

总之，沙滩地的土壤改良应常抓不懈，才能保证柑橘早结高产、优质。

5. 栽种防风林或设置防风网

防风林在减轻柑橘冻害、旱灾、热害等自然灾害方面有十分重要的作用。夏季能降低气温，提高橘园内空气湿度，减轻旱灾、花期的异常高温、热害和果实的日灼病。冬季能显著降低风速，提高周围空气温度，减轻冻害。例如衢江区余氏家庭农场橘园周边利用水杉、樟树等作防风林，每次衢州发生严重冻害时，这里基本未冻害或冻害轻微。又如江山市辉煌家庭农场的马家柚园，周边种有樟树、松树等，园内种植的马家柚未遭受严重冻害，有比较稳定的产量。而没有防风林的地区，橘树则冻伤或冻死。因此在建设橘园时应强调防风林的营造。

橘园防风林分主林带和副林带，主林带要与主风方向（北风）垂直，每隔100～200米栽一条。副林带与主风方向平行，每隔300～400米栽一条。防风林的防风效果为树高的15～20倍。主林带栽树3～5行，副林带栽树1～3行，高树栽中行，矮树栽两侧。栽植防风林的树木，必须挖大穴，施足基肥。同时加强栽植管理，使其迅速生长成林，尽快发挥防风效应。防风林带可以尽量设置在道路、沟渠两旁，这样，既节省土地，又比较美观。规划橘园道路时与防风林带结合。理想的橘园最好用防风林带网包围每一个小区（图 3-3）。

图 3-3　橘园防风网

用作橘园防风林的树种应符合下列要求。

（1）适应当地自然条件、生长迅速、树冠高大、直立、寿命长、经济价值高的树种。

（2）枝叶繁茂、再生能力强、根蘖不多的树种。

（3）与柑橘树没有共同的病、虫害，而且不是柑橘病虫害的中间寄主。

（4）以常绿树种为主，适当配置落叶树种。

目前衢州生产上常用的符合上述条件的树种有：水杉、樟树、杜英、侧柏等。河滩地区还可选用杨柳、芦竹等。

6. 平整园地和确定株行向

橘园在经过开沟撩壕和整梯后，在定植前还需将梯面垦翻一次并平整好土地。如果梯面高低不平或有一定的坡度，不仅容易造成水土流失，而且耕作管理和灌水、施肥都不方便。如果栽树后再平整土地，又容易使低处橘树主干埋土过深，而高处橘树根群易裸露，影响生长，特别是低处橘树根颈部埋入土中，不仅橘树生长缓慢，而且容易引起根颈部病虫为害、造成落叶甚至死树。因此，在栽树前一定要先清除杂草、树苑，按规划划分小区，平整好土地。山坡地建园（图3–4）凡经过开沟撩壕的，修筑梯田后，最好先在梯面种植一年先锋作物（如花生、豆科作物等）使土壤熟化、壕沟下沉后再于秋季定植，这样可以避免栽树后因壕沟下沉橘树根颈部随之埋入土中。

图3–4　新建山坡地梯田橘园

确定株行向，主要考虑有利于橘树的采光和透风。一般平地橘园以南北行向为好。这样橘树行间日照时间长，橘树间互相遮阴的时间少，而且冬季冷空气容易通过，不易滞留产生冻害，平地栽树每小区行、株都必须对齐，拉成直线，务求整齐美观。山地栽树行向则随水平梯田走向，按株、行距，每梯栽一行或几行。株行间不强求对成直线，可随梯田走向而弯曲。

　　地下水位高，柑橘的根系不能深扎，树冠也很难长得高大。在地下水位高的地方种橘，排水降低地下水位至关重要。平地和水稻田地势都相对较低，排水不畅时，特别是在雨季，往往容易造成积水，抬高地下水位，影响根系生长。因此，在平地和水稻田种植柑橘，必须采取措施解决地下水位问题。

　　（1）采取深沟高垄的栽植方式，即在行距确定之后，在行间开沟，将沟中土壤堆于行中，修筑成龟背形的长条垄带，垄带愈高愈好，橘树则种植在垄带的正中最高处。

　　（2）栽树时适当浅栽，便于今后培土，加高土层。定植穴不能挖得太深，以确保根茎部露出垄面土壤为度，定植时橘苗的主根要剪短，注意培养水平生长的侧根。

　　（3）在橘园四周开深排水沟，使垄沟与排水沟相连，以便于排水通畅。

第四章

衢州柑橘低碳栽培管理关键技术

一、衢州椪柑"三疏一改"技术

随着橘园树龄的增大，目前已有相当一部分园地出现郁蔽、内膛空虚、枝梢间严重交叉、通风透光不良、结果部位外移等现象，造成管理困难，病虫蔓延，果实大小不均，产量下降，这已成为当前柑橘优质丰产的主要障碍。根据衢州市地方标准规范《柑橘"三疏一改"技术规范》（DB 3308/T 01—2012），"三疏一改"技术就是针对橘园存在的弊病，采取疏除（或间伐）过密橘树，疏大枝，疏果和改偏施化肥为增施有机肥等优化技术措施，使橘树重新恢复生机，达到园地通风透光，减轻病虫为害，橘树合理坐果，立体结果，群体平衡，优质丰产，达到增强市场竞争力和提高经济效益的目的。"三疏一改"技术易懂，操作简便，节工省本。现将操作方法介绍如下。

1. 疏除（或间伐）过密橘树

疏移过密橘树（图4-1）是针对计划密植园中的非永久树的生长已经影响永久树的生长时，将非永久树疏移出去重新种植，使亩栽株数控制在42～56株。从大树移栽后成活率及效果观察，一般4～8年生树移栽后效果较好。每年春季萌芽前后，是大树移栽的适宜季节。移栽的方法有隔树移栽、隔行移栽或梅花形移栽等。具体做法如下。

图4-1　疏移过密橘树

（1）移前修剪。移栽前先进行适当重修剪是保证成活、改造树型的重要环节。修剪的重点是锯除结果部位已经上移的较直立大枝，并结合整形，疏删一部分过密枝叶，修剪量一般掌握在树冠叶量的1/3～1/2。将修剪的枝条用粉碎机粉碎成碎末，并铺撒在树盘。

（2）移栽技术。先沿移栽树的树冠滴水线处开环形沟，开沟时注意保护水平根和须根，当挖至根系密集层以下时，即向主干方向淘空底土并切断橘树垂直根，而后将挖伤的根系剪平，用稻草或编织布等将根部带泥包扎后即抬到预先挖好，并施有基肥的种植穴内，再剪开包扎物，舒展根系和分层回填泥土，回填时分层将土压实，使根系与土壤紧密结合，回填后即浇透水。移栽时要注意两个环节：一是移栽时注意摆正原树生长方位；二是回填后嫁接口仍要露出地面，并用三角支架将树固定，以免被风吹动树体影响成活率。

（3）移后管理。移栽后一个月内如遇晴天，3～5天浇水一次，树冠喷施根外追肥或营养液促进生根恢复树势，如有花蕾全部摘除，当年最好不要结果。夏季注意覆盖防旱。如进行间伐，则在春季萌芽前将间伐树从基部锯除或从根部挖除。

2. 疏大枝

疏大枝也叫大枝修剪。这种修剪实质上是从树冠下部到上部，从中心到外围重新安排树冠骨架的修剪。当树冠出现自相郁蔽，内膛空虚或枯枝增多，树与树之间枝梢严重交叉时即可进行。每年春梢萌芽前后是修剪的最好时间。因园地种植方式不同，操作时可采取两种方法。

（1）等距离的普通栽培园。修剪时首先找出并从基部锯掉生长较直立，对树冠遮阴严重的主枝或副主枝，使树冠中出现"天窗"。让阳光可以直接照进内膛空间，然后根据树冠枝叶的厚薄，适当剪去 1～3 个较大侧枝。

（2）计划密植园。对这类园地先要确定永久栽培树和计划疏除的树。永久树的修剪采取前面提到的普通栽培园的大枝修剪方法，而对计划疏除的树，当其枝梢与永久树枝梢出现交叉而影响永久树结果管理时，即将影响永久树生长的枝锯除，使计划疏除树的树冠修剪成向行间发展的偏形树冠，并随着永久树的树冠扩大，逐年压缩计划疏除树的树冠，直至最后将其间伐。

大枝修剪中要注意的是：修剪不须一年到位，可分 2～3 年逐步到位，第一年一般锯掉 1～2 个大枝，总修剪量占全树叶量 8%～15%，锯除大枝要从基部去除，大枝修剪后，对内膛抽发的芽不要全部抹除，可适当留一部分，通过摘心管理，让其形成良好的结果母枝。疏掉的柑橘大枝经粉碎机粉碎成碎末，铺撒在橘园表面循环利用（图 4-2）。

3. 疏果技术

疏果是为了保持橘树合理坐果，增加高等级果比例，促进品质提高和减少大小年幅度而采取的技术措施，疏果对椪柑等中迟熟品种还有明显增大果实的作用。试验表明，椪柑在每年 7 月 15 日前后定果时，果实最大横径已达到或超过 2.5 厘米的，其绝大部分果

图 4-2　椪柑大枝修剪压顶

实在采收时横径可达 6 厘米以上，而小于 2.5 厘米的，采收时果实一般小于 6 厘米，这为搞好疏果提供了一定依据，疏果时间一般早熟品种从 6 月底或 7 月上旬，中迟熟品种从 7 月中旬定果后开始，逐步疏到 9 月基本结束。在这期间内疏果越早效果越明显。

　　疏果的操作方法。先疏掉病虫果和畸形果，然后根据树冠挂果多少，再决定是否要继续疏去小果或其他影响品质的果。按目前生产实际，确定树冠挂果多少常用的有两种办法：一是按计划产量确定，如树势正常亩栽 55 株成龄椪柑，设计亩产 3 000 千克左右，要求一级以上果达 80% 以上，那么采收前每株树大约有 420 只果子就够了，这样，在定果时疏去病虫果、畸形果后，树上挂果仍明显多于 420 只时，就可以继续疏除小果；对温州蜜柑或胡柚等品种还可以疏除树冠顶部果梗特粗的朝天果，因为这类果容易生成粗皮大果或易发生日晒病；二是按叶果比进行疏果，一般温州蜜柑、胡柚、脐橙、椪柑的叶果比分别在（30～35）:1;（60～70）:1;（60～80）:1;（80～100）:1 时能生产出较好的果子，如叶果比太小，说明挂果太多，可以疏除一定量的小果或其他可能影响品质的果。

4. 改偏施化肥为增施有机肥

近几年来，橘园偏施化肥现象日趋严重。化肥结构比较单纯且不含有机质，偏施化肥容易破坏土壤结构和引起柑橘缺素症，从而影响品质；增施有机肥（图4-3）能培肥地力改良土壤，向柑橘提供比较完全的营养，促进增产和提高品质。近些年，衢州柑橘基本实现测土配方施肥全覆盖，有机复混肥、生物菌肥等在橘园中有所施用。为实现绿色生态低碳发展，施肥次数和量都在减少。为减少氨气排放，开展尿素等氮肥喷施硝化抑制剂DMPP减少氨气排放。

许多农户的生产实践已证明，要获得优质丰产，在全年施肥中，有机肥应占全年施肥量35%～40%，柑橘定果时，保质保量施足施好有机肥，特别是饼肥等，对提高柑橘品质有显著作用。有机肥也可在采果时，结合防冻保暖时施入，有机肥的来源非常广泛，提倡园地生草，结合抗旱防冻树下覆盖稻草或割草覆盖，通过增施饼肥、牛栏肥（图4-4）或带有有机质的复混肥，采用大枝修剪后的枝叶经粉碎后通过深翻改土还园及挑塘泥等都是有机肥的来源。

图4-3　橘园增施有机肥

图4-4　橘园施牛栏粪

二、地膜覆盖增糖降酸技术

衢州出伏以后，天气转凉，昼夜温差加大，早熟柑橘开始转色，晚熟柑橘开始膨大。这些年随着多种地面覆盖材料在橘园中应用，对杂草丛生的橘园（图4-5）可以抑制杂草，提升品质，减少劳动力投入。

图4-5 杂草丛生的橘园

1. 银黑双色反光地膜

主要成分是聚乙烯（PE）膜。一面银色，一面黑色（图4-6）。多用于蔬菜，随着地膜覆盖技术的推广也逐渐用到果树上。橘园上应用效果也不错。

图4-6 银黑双色反光地膜覆盖应用

（1）作用。补光控水，促进柑橘果实着色和提高糖度；抑制杂草和驱避蚜虫的为害。

（2）地膜覆盖的负效应。银黑双色地膜橘园树盘覆盖若遇到连续降雨时则易造成严重的水渍，使土壤通透性变坏，水分蒸发受阻，同样影响生长；虽具有控水的作用，但是却阻碍了外界降水进入垄体，可能会导致柑橘在转色期发生水分亏缺，影响正常生长；柑橘果实收获后地膜残留在土壤中，难以降解，对土壤造成了污染和损害。

2. 农用地布（或防草布）

农用地布是以聚丙烯、丙乙纶扁丝为原料，用不同的编织设备和工艺将经纱与纬纱交织在一起织成布状，可根据不同的使用范围编织成不同的厚度与密实度，一般编织地布较薄，纵横向都具有相当强的抗拉强度（经度大于纬度），具有很好的稳定性能。在干湿状态下都能保持充分的强力和伸长。农用地布不仅省工省力，铺设操作也是相当简便。

（1）作用。抑草、遮光、降温、保湿、防虫、防霜、保温、省工。

（2）缺点。不具有反光增色效果；可反复使用，但难降解，长期覆盖土壤板结。

（3）使用方法。铺设时只需沿着柑橘定植行，将园艺地布覆盖在柑橘营养带（树冠外围的垂直投影）上即可，铺展平整，最后用土块覆盖在边上，就能固定住，也可自制地布扣，进行固定，防止大风吹刮。为预防长期覆盖土壤板结，适当翻开（图4-7）。

图4-7　橘园防草布铺设

3. 特卫强地面覆盖材料

特卫强地面覆盖材料具有高 UV/ 可见光反射率、低热传导率、高透气性和良好的阻水性能等独有特性。将其用作农用反光地膜，用于反射太阳光、控制土壤温度，利于土壤和地上部分气体交换，避免大雨侵蚀田垄。铺了特卫强反光地面覆盖材料的橘园，可以显著改善果实外观与色泽、增加糖分、促进树势恢复，提高果实品质和增效。

（1）作用原理。特卫强地面覆盖材料铺设在橘园树盘附近，白色面反射太阳光，从下往上照射到柑橘果实，实现尽可能多地整果接收光照，防止土温升高。特卫强反光地面覆盖材料具有单向通过性，雨水单向不能渗透入橘园根系，避免果实采前雨水过多可溶性固形物降低，但具有透气性，利于土壤中气体排出而减少土壤毒害（图 4-8）。

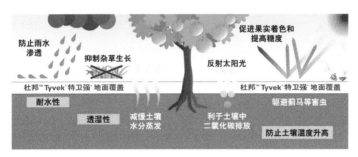

图 4-8　特卫强地面覆盖材料使用原理

（2）优缺点。①光反射最大化。由于纤维结构不规则，特卫强地面覆盖材料可在各个方向形成最大光反射；使阳光得以均匀分布，即使果树底部也不例外；充足的光照可提升柑橘果实的甜度和色泽。②良好防水性，可保护土壤免受雨水侵蚀。特卫强地面覆盖材料的防水性能可使橘园土壤免受过量降雨的侵蚀，同时保持一定量的排水以润湿土地。③释放来自土壤的二氧化碳。防水的同时，特卫强地面覆盖材料还具有良好的透气性，因而二氧化碳可以被释放到空气中，并非闷在地膜之下。④保护水果免受害虫和杂草侵害。特卫强地面覆盖材料将阳光向各个方向反射，从而起到防止虫害的作用（因为害虫一般朝着阳光的方向飞行）；覆盖橘园树盘地面还可防止杂草生长，避免与树体争肥。

（3）使用效果。果面着色外观品质得到改善。使用特卫强地面覆盖材料的橘园与未使用覆盖材料的橘园柑橘果实相比，外观明显光鲜亮丽，着色均匀度有很大改善（图4-9）。

图4-9　橘园特卫强地面覆盖材料使用果面着色对比

果实内在品质得到提升。使用特卫强地面覆盖材料后，在12月3日完全成熟糖度大于12%的温州蜜柑果实占总果量的88%，而未使用覆盖材料的糖度大于12%的温州蜜柑果实只占4%（图4-10）。

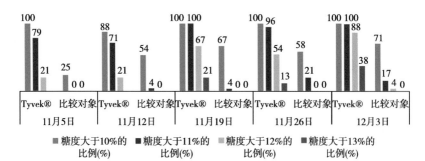

图4-10　橘园特卫强地面覆盖材料使用果实糖度对比

橘园杂草抑制效果明显。使用特卫强地面覆盖材料后，树盘杂草基本看不到，抑制杂草的效果明显。而未使用覆盖材料的对比橘园树盘下杂草明显较多（图4-11）。

图4-11　橘园特卫强地面覆盖材料使用抑草效果对比

（4）注意事项。①铺设时。主要用于柑橘转色、增甜期（9—10月铺设）。选择无雨天和土壤干燥时铺设，光滑面朝上，铺设平整，固定牢固。铺设人员禁穿有鞋跟和有泥污的鞋子踩踏。表面易打滑，强光下铺设注意佩戴墨镜、穿戴好衣服等保护眼睛和皮肤。②铺设后。铺设后保持地膜表面洁净平整、不积水。遇土壤积水，土壤水分含量高，须打开晾干土壤后再覆盖。不要接近或在附近使用有烟火或透镜功能的物品。避免利器划伤材料，铺设时或铺设后如有划伤需用胶带粘贴牢固，否则易从伤口处拉开。采收前，收起来晾干或用水清洗干净晾干后储放在背火、阴暗的地方以便来年再用。可以废旧回收（塑料加工企业作为再生塑料原料）。

以上三种柑橘种植地面覆盖材料可综合种植成本、实地情况、产品定位等多方面因素去使用。

三、柑橘生草栽培和杂草防控技术

1. 生草栽培

即全园种草或只行间带状种草，所种的草是人工播种（或移栽）的多年生牧草，或利用自然生杂草而只除去个别不适宜种类。橘园栽培具有以下优势。

（1）改良土壤，减少施肥量。橘园生草每年可刈割 4 ～ 5 次，年产草量 1 500 ～ 2 000 千克，植株自然腐烂入土后，可改善土壤结构，增加土壤有机质，从而节省化肥用量。

（2）保护天敌，减少农药用量。生草为青蛙、蚯蚓、草蛉等有益生物提供良好的栖息场所，并提供饲料来源，害虫的天敌明显比清耕橘园多，有利于生态平衡，每年可减少用药 3 ～ 4 次，每亩节省农药开支 100 多元。

（3）控温保湿，提高果实品质。在夏秋高温干旱时，生草法栽培有利温湿度保持相对稳定，可减轻异常落果，同时，由于树势稳定，所产果实大小正常，色泽鲜艳，很少有粗皮果。

（4）减少冲刷，避免水土流失。生草橘园由于有生草遮挡，即使下大雨，一般也不会发生大冲刷造成水土流失。

2. 杂草防控

橘园杂草太多，与橘树争肥争水。通常对杂草防控除人工割草外，有两种有效方法较省工。

（1）强势草种覆盖。目前箭舌豌豆、鼠茅草、白车轴草等草种对橘园杂草有较好的抑制作用。通过 10 月前后清理平整土地后，播种强势草籽，逐步压制橘园其他杂草，减少除草成本，同时实现生态栽培（图 4-12）。

（2）防草布覆盖。防草布多用聚丙烯等黑色材料编织，能有效抑制树盘杂草，减少人工除草成本。但长期覆盖易造成土壤板结，通过根据季节特点翻开覆盖的防草布，有助于树盘保湿降温。例如因梅雨季节高温高湿杂草生长快，提前覆盖防草布；出梅后固定沿沟一侧，掀开防草布，覆盖至行间排水沟杂草，让树盘生草，改善土壤板结问题（图4-13）。

图 4-12　橘园生草　　　　图 4-13　橘园防草布使用

四、柑橘水肥一体管理技术

水肥一体化技术的应用对劳动力短缺、人工成本不断上升有显著缓解作用，同时水肥一体设备根据柑橘肥水需求特性，使用液态肥实现精准施肥，能有效减少碳排放，实现节能减排，也是创建现代化果园的趋势（图4-14）。滴灌水肥一体系统一般由水源、首部控制枢纽、输水管道和滴头4部分组成。

1. 水源

河流、渠道、塘池或井均可作为滴灌的水源。

2. 首部控制枢纽

由动力、水泵、蓄水池、施肥罐、过滤器及控制阀等组成。目前有的滴灌系统在高处建水塔或蓄水池，然后通过水泵或水渠将水送入水塔或蓄水池，再由它们向输水管道供水，形成自压滴灌系。也有直接用水泵从水源中抽水向管道加压，形成压力滴灌系统。

图 4-14　橘园水肥一体设备

3. 输水管道

包括干管、支管、毛管及一些必要的调节设备如阀门及流量调节器等。干管连接水泵或蓄水池,然后通过支管再由毛管将水均匀输送到滴头。有些支管本身是渗灌管,而不用毛管和滴头;有些支管是 PVC 管,在需要滴水的地方钻小孔,再套上一个圈,水从小孔喷出经套圈挡住后水滴落下滴灌。

4. 滴头

滴头水量有些是固定的,也有可调的,根据柑橘树所需的位置装在毛管上,将水滴入土壤里。可依据柑橘树的大小和株距,毛管和滴头布置可平行或环绕柑橘树;对于成年柑橘树,带多个滴头的毛管可环绕每棵柑橘树布置。采用固定式滴灌时,为减少投资也可挪动带滴头的短引管,使一根毛管灌两行柑橘树。关于滴头的设置,出于农事操作方便、减少破损的要求可采用悬吊式,即从橘树冠顶悬垂到主干处,避免铺设在地面上被挖破。

五、衢州柑橘智能设施栽培技术

通过大棚设施种植柑橘，能有效避免露天栽培各种不确定灾害性天气，提高果实商品性。通过将不同模块进行联网进而控制大棚环境，提供棚内植物生长所需（图4-15）。

1. 设施大棚智能降温系统

夏天气温过高，需要降温，除了常规的外遮阳、内遮阳外，风机水帘降温系统、自动弥雾设备、自动卷膜系统也开始具备降温功能。通过棚内温度检测，输出给总控制系统进而发出相应通风降温措施指令，将棚内温度降到合理范围内。

2. 设施大棚智能避冻保温系统

衢州冬季偶尔会有寒潮低温雨雪冰冻天气，通过智能检测室外温度，及时关闭顶膜和裙膜对棚内生长温度进行控制，低温来临前喷雾、灌水，利用水凝固散热提升环境温度。

图4-15　橘园设施大棚智能管理平台手机端App

3. 设施大棚自动灌溉系统

衢州出梅以后，经常会遇到伏旱天气，需要及时灌水。通过土壤湿度传感器监测土壤湿度，当低于阈值范围及时启动灌水。高于阈值范围，自动停止。

第五章

衢州柑橘传统品种和新晋适栽品种特性

一、衢州三大传统特色柑橘品种

1. 衢州椪柑

果实扁圆或高扁圆形；有芦，果顶部一般无放射状沟纹，果实扁圆形，单果重和果实风味不如硬芦。椪柑的主要特点：树势中等，树形直立，骨干枝分枝角度小；果实扁圆形，较大，单果重120～150克，大的可达250克以上，果面橙黄色或橙色，果皮稍厚，易剥；果肉脆嫩、多汁，甜浓爽口，可溶性固形物15%左右，糖含量11～13克/100毫升，酸含量0.3～0.8克/100毫升；果实11月中下旬至12月成熟，较耐贮藏。椪柑适应性广，丰产稳产，优系（优株）多，是目前我国发展的品种（图5-1）。

图5-1 衢州椪柑

2. 常山胡柚

常山胡柚系柚子与其他柑橘（酸橙类）天然杂交而成的杂柑类地方特色品种，其外形美观，色泽金黄，果形适中，柚香袭人。果实风味独特，肉质脆嫩，汁多味鲜，甜酸适口，甘中微苦，具有很高的经济和药用价值，是一种集营

图 5-2　常山胡柚

养、食疗、美容、保健于一果的绿色食品，是"旺季补优、淡季补鲜"的水果珍品，有柚中之王、水果之王美称。具有耐瘠、耐寒、耐贮、风味独特等显著特点，在自然条件下可贮至翌年4—5月，且贮后风味变浓，品质更佳（图 5-2）。

3. 衢橘

衢橘也叫朱橘，是衢州比较早期种植的橘种，衢橘色泽橙透、红润，个头偏小，皮薄，肉酥，香味纯正，多籽。果皮用来烧菜除腥或者加工陈皮（图 5-3）。

图 5-3　衢橘

二、衢州新晋适栽柑橘品种

1. 鸡尾葡萄柚

由美国加州大学河滨校区以暹罗甜柚（Siamese Sweet pummelo）和弗鲁亚橘（Frua mandarin）杂交育成的品种。

该品种果形大，果皮薄而光滑，果肉多汁，低酸，风味清甜，有香气，微苦；早熟，采摘后即可上市（图 5-4）。树体生长快，投产早，丰产；可以露地种植，适合较大规模粗放型管理（图 5-5）。生产上要注意加强防寒管理。在衢州果实成熟期在 12 月上中旬，11 月中下旬即可采收上市。

图 5-4　鸡尾葡萄柚五视图　　　　图 5-5　鸡尾葡萄柚挂果状

2. 红美人

由日本爱媛县果树试验场以南香与天草杂交育成的橘橙类杂柑品种。

果实较大，圆球形，果皮橙红色、油胞稀、光滑，外形美观，单果重 240 克左右。红美人果实含糖高含酸低，肉嫩多汁，清香爽口，化渣性好，无核。食之会有吃果冻一般的感觉（图 5-6）。树体生长较慢，早结丰产；生产上存在果肩部周围易发生生理缺陷问题。采用大棚避雨栽培可以较好地避免（图 5-7）。在衢州地区 11 月下旬成熟，果实可溶性固形物约 11%，晚熟可达到 15%。柠檬酸含量降至 1% 左右，是中熟的优质柑橘品种。

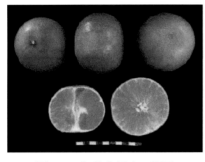

图 5-6　红美人果实五视图

图 5-7　红美人挂果状

3. 甜春橘柚

由日本果树试验场用上田温州与八朔柑杂交育成的橘橙类杂柑品种。

果形扁圆（果形指数 122 左右），果面比'八朔'粗。果皮橙黄色，与'八朔'相近，有时会残存少量绿色，厚度约 4 毫米，较硬且较紧实，剥皮难。囊衣稍硬。果肉橙色，较'八朔'更浓，但比温州蜜柑浅。肉质稍硬，果汁多。果实大小在 250 克左右，随种子的多少而有所变动，果实整齐度较好，果汁糖度高，可达 12%～13%，含酸量低，在 0.8% 左右，无苦味（图 5-8）。种子少，树体耐寒性较强，果实在 12 月上中旬可采摘上市（图 5-9）。

该品种栽培容易；风味浓、口感好、耐贮运。

图 5-8　甜春橘柚果实五视图

图 5-9　甜春橘柚挂果状

4. 大雅柑

由中国农业科学院柑橘研究所科研人员用清见橘橙与 F-2432 椪柑杂交选育而成。

该品种果实平均单果重 245 克，可溶性固形物 13.4%，贮藏至翌年 2 月，含酸量降至 0.78%。果肉无核，细嫩化渣，风味较浓（图 5-10）。树体抽梢能力较强，坐果率高，丰产性好，挂果时间长，营养需求大，需要保证水肥供应，以保证树体强健、丰产稳产；幼树及早疏花，促发枝梢；结果树重视疏花疏果、适量挂果，减少大小年发生，保证果品质量和树体稳产能力；注意炭疽病等病虫害对树体和果实危害，冬季低温期及时覆膜防止低温冻害。

在衢州市宜采用设施大棚栽培，在翌年 1 月下旬达到商品采收品质时开始采摘上市；露地栽培应注意做好防冻工作，果实在 11 月下旬至 12 月上旬采收，可以贮藏至翌年 2 月以后上市（图 5-11）。是椪柑高接更新换代的备选品种。

图 5-10 大雅柑果实

图 5-11 大雅柑挂果状

5. 金秋砂糖橘

由中国农业科学院柑橘研究所用爱媛 30 号与沙糖橘杂交培育成的品种。

该品种果皮光滑细腻，橙红色，容易剥离，大小为（4.5～5.5）厘米×（3.5～4.2）厘米，果顶平而微凹，果实肉质细嫩化渣，可溶性固形物含量为11.0%，酸含量为0.36%（图5-12）；树势健壮，树冠圆头形，枝条细密，稍直立。花较小，完全花；果实扁圆形，单一品种栽培或与无核品种混栽，表现无核（图5-13）。成熟期10月下旬至11月中旬。具有早熟、高糖低酸、细嫩化渣和外观艳丽等栽培特性。

图5-12　金秋砂糖橘果实　　　　　图5-13　金秋砂糖橘挂果状

6. 春香

由日本福冈县的石井德雄从"日向夏"的自然杂交实生树培育而成。

该品种初果期果实较大，果实近圆形，果皮粗厚、黄色，剥皮稍难，果顶有圆形深凹圈印与突起，单果重200克左右；果肉淡黄色，味清甜质优，较难化渣，种子少，可溶性固形物含量为12%，酸度较低，糖酸比可达20∶1（图5-14）。幼树树势较旺，结果后枝条逐渐开张，生长势中等。发枝力较强，枝梢节间较短，易成花；叶片大小中等，通常横向卷曲，看似干旱状。在品种育成地2月上旬成熟。在衢州可以在12月中下旬采摘上市（图5-15）。

该品种外观非常独特，果肉黄白色，含酸量极低，口感甘甜脆爽，芳香诱人，且无籽，耐贮藏，广受妇女和中老年消费者喜爱。

图 5-14　春香果实五视图

图 5-15　春香挂果状

7. 沃柑

由以色列沃卡尼研究所（Vulcani Institute）用坦普尔（Temple）橘橙与丹西（Dancy）红橘杂交培育而成的品种。

该品种果实中等大小，单果重 130 克左右，果实扁圆形，果皮光滑，橙色或橙红色，油胞细密，果顶端平，果皮厚 0.36 厘米，容易剥离，果肉橙红色，汁胞小而短，果肉细嫩化渣，多汁味甜。种子数 9～20 粒。高糖低酸，可溶性固形物含量为 13.3%，可滴定酸含量为 0.58%（图 5-16）。该品种长势强，抽梢能力旺，丰产性好，容易出现大小年。在衢州 12 月中下旬开始转色，采收期从 1 月中旬至 3 月上旬，果实耐贮性好。

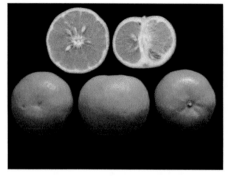

图 5-16　沃柑果实五视图

图 5-17　沃柑挂果状

该品种果实在衢州不能正常过冬，需要大棚设施栽培，利于年后采摘上市。

8. 甘平

由日本爱媛县果树试验场用西之香与不知名的杂交实生苗培育而成，具有椪柑血统。

该品种果形扁平，大小中等，单果重可达380g，可溶性固形物含量为13.5%；果顶部凹陷，无放射状条沟和凹环；果梗部平，放射状条沟少；果心部空心程度中等；果皮深橙色，油胞小，密度中等，稍凸起；果面较光滑，果皮薄，可食率高，剥皮容易；囊衣软，囊瓣大小中等，果肉深橙色、多汁，甜味浓，酸度较低，香气中等；无核；不易浮皮，容易裂果（图5-18）。果实2月上中旬成熟。树姿较开张，树体大小和树势中等（图5-19）。

该品种风味浓，无核，不易浮皮。栽培上要注意防止膨大期裂果，建议配合设施大棚和水肥一体化设备。

图5-18　甘平果实五视图　　　　**图5-19　甘平挂果状**

9. 明日见

由日本果树试验场兴津分场用'兴津46号'与'春见'杂交育成的杂柑品种，具有椪柑血统。

该品种果实扁球形，果顶平坦，无放射沟果面光滑，果皮橙色，极薄。囊衣软而化渣，甜度高，风味浓。平均单果重 200 克，可溶性固形物含量为 14.3%，含酸量 1.0%。果实成熟期在 1 月下旬（图 5–20）。树势强健，有枝刺，叶身纺锤形（5–21）。

该品种种植时应注意设施栽培和防止裂果，对溃疡病敏感。

图 5–20　明日见果实　　　　图 5–21　明日见挂果状

10. 由良

由日本从早熟温州蜜柑宫川的芽变中选育而成的早熟温州蜜柑。

该品种果实比宫川高圆，平均单果重约 116.2 克，较宫川果实略小；果色黄橙色，果皮中等厚，光滑度中等，剥皮稍难，不易产生浮皮和裂果。果实囊瓣的囊皮薄，果肉柔软，果汁多，甜味浓，可溶性固形物含量可高达 15%～16%，属高糖高酸的品种，品质佳（图 5–22）。树体矮化，树势开张但长势偏弱（图 5–23）。

该品种种植时注意结果过多会使树势过度衰弱，应加强修剪调节，及时疏花疏果，保持其丰产之势。因其树势较弱，要多施基肥，多施叶面肥，及时施采后肥，促其恢复树势。

图 5–22　由良温州蜜柑果实五视图　　　图 5–23　由良温州蜜柑挂果状

第六章
衢州柑橘转型共富十大优秀案例

一、衢州市柯城区宇发家庭农场

柯城区园林村柑橘精品园位于华墅乡园林村，该精品园地势平坦，生态环境优美。经营主体为衢州市柯城宇发家庭农场，2016年被列入市级柑橘精品园，流转经营面积140余亩，建有柑橘标准化连栋大棚45 000多平方米，主栽品种为衢州椪柑，2017年棚内硕果累累，总产量达到125吨左右，优质果率达到90%以上（图6-1）。是衢州大棚设施精品柑橘的标杆与榜样。带动周边农户共同参与管理，实现共富。

图6-1　衢州市柯城区宇发家庭农场柑橘精品园

二、衢州市柯城区鑫铺家庭农场

柯城区鑫铺柑橘精品园位于柯城区九华乡上铺村，三面环山，低丘缓坡梯田种植，生态环境优美，气候独特，柑橘品种丰富。2017年被列入市级柑橘精品园，园区流转土地200余亩，其中连栋大棚面积70多亩，引进种植了红美人、鸡尾葡萄柚、春见等目前最热门柑橘品种，是一个集观光采摘、示范科普、休闲运动等功能为一体的省级现代农业示范基地（图6-2）。特别是鸡尾葡萄柚荣获2017年全市柑橘评比鸡尾葡萄柚类一等奖。2019年产量高达10多万千克，收益可观。带动周边村民30多人参与基地管理，促进闲散劳动力再就业。

图6-2　衢州市柯城区鑫铺家庭农场柑橘精品园

三、衢州市柯城区天博家庭农场

柯城区天博家庭农场位于柯城区华墅乡柴家村，新种橘园 120 亩，其中钢架大棚 45 亩。2017 年平整土地，引进柑橘新品种种植。主栽鸡尾葡萄柚、红美人、春见等品种（图 6-3）。2019 年鸡尾葡萄柚投产，硕果累累，产量达 10 万千克。随着橘树陆续投产，农场效益逐步提高。带动农户 35 人，人均增收 2 万元 / 年。

图 6-3 衢州市柯城区天博家庭农场柑橘精品园

四、农法自然（浙江）科技有限公司

农法自然（浙江）农业科技有限公司位于柯城区石梁镇黄茶村，橘园新种，宽行密植，整齐有序，蔚为壮观。生产基地 1 500亩，已种植柑橘 800 多亩。以衢州地理标志产品椪柑为主打产品，以守卫舌尖上的安全为主要宗旨（图 6-4）。2017 年申报建立柑橘精品园，大棚 30 多亩，陆续发展了鸡尾葡萄柚、红美人等柑橘优新品种，通过新模式＋智慧农业的方式，为当地柑橘产业发展树起了新标杆。

图 6-4　衢州市农法自然（浙江）科技有限公司柑橘精品园

五、衢州市衢江区余氏家庭农场

衢州市衢江区余氏家庭农场位于衢州市衢江区横路乡童何村，占地面积540亩，环境幽静，设施齐全，柑橘品种丰富。法人代表余耀飞，作为一名柑橘种植的"老兵"，多年来在柑橘栽培技术上深耕不辍，先后引进柑橘优新品种16个，衢州早熟椪柑就从他这里发现的。2016年入选衢州市柑橘精品园，建成柑橘连栋大棚53亩，认证"香泉红"品牌，获奖颇丰（图6-5）。2019年农场红美人硕果累累，喜获丰收。

图6-5　衢州市衢江区余氏家庭农场柑橘精品园

六、衢江区蜜之源家庭农场

衢江区蜜之源家庭农场位于衢江区高家镇中央徐村，紧邻浙西大草原，风景秀美、环境优越，注册商标"蜜之源"。2016年该橘园入选衢州市级柑橘精品园，先后流转500多亩衰老橘园，运用"三疏一改"技术对衰老橘园进行了改造，通过高接换种，种苗引进发展多个新品种。现在橘园面貌大为改观，未来将打造成集柑橘种植、休闲采摘、农事体验、科普教育、康养中心为一体的综合体（图6-6）。

图6-6　衢州市衢江区蜜之源家庭农场柑橘精品园

七、衢州市衢江区优柑家庭农场

优柑家庭农场位于衢江区周家乡上岗头村，橘园整齐有序，蔚为壮观。生产基地175亩，其中大棚53亩。负责人陈俊林从一名柑橘包装、贩销户通过流转自己管理橘园。2017年申报建立柑橘精品园，经过两年提升改造，园内面貌焕然一新，甜春橘柚、沃柑等已经陆续投产（图6-7）。近些年来，先后引进大雅柑、甘平等优新品种，通过高接换种的方式，加快品种调整，为当地农业增效、农民增收起到了积极示范作用。

图6-7　衢州市衢江区优柑家庭农场柑橘精品园

八、衢州市龙游县金秋红专业合作社

金秋红柑橘专业合作社位于龙游县湖镇镇上下范村，橘园整齐有序，蔚为壮观。生产基地3 200亩，其中核心基地1 200亩（图6-8）。合作社负责人朱江谊为龙游县柑橘种植贩销带头人。主打"金秋红""宜红"品牌，通过"绿色食品""无公害食品"和出口基地认证。2016年积极开展柑橘转型发展工作，提升改造核心基地，陆续引进30多个柑橘品种，建立柑橘新品种试验基地，带动农户680多户，为当地农业增效、农民增收共富起到了积极的推动作用。

图6-8　衢州市龙游金秋红专业合作社柑橘精品园

九、衢州市江山市吴创家庭农场

江山市吴创家庭农场位于江山市凤林镇凤溪村省级现代农业综合区，占地 200 亩，周边环境优美，交通便利。农场负责人吴根法于 2016 年开始种植爱媛 28、由良、甘平等柑橘优新品种，建设柑橘智能钢架大棚 110 多亩，引进物联网智能监控技术（图 6-9）。2017 年农场柑橘已初步投产，直接经济收入达 50 多万元，成为柑橘标准种植与先进科技相结合的典型示范种植区和江山现代农业的新亮点。

图 6-9　衢州市吴创家庭农场柑橘精品园

十、衢州市常山县翠香蜜家庭农场

常山县翠香蜜家庭农场位于常山县同弓乡山边村，占地 200 亩，周边环境优美，交通便利（图 6–10）。农场负责人姜翔鹤，于 2016 年开始种植柑橘，从改良土壤做起，培育优质壮苗，主栽市场效益好的红美人品种，2017 年建成市级柑橘精品园，获得 2018 年全市精品柑橘评比红美人品类一等奖，是高品质红美人的典型示范种植区和常山柑橘产业的新亮点。

图 6–10　衢州市常山县翠香蜜家庭农场柑橘精品园

第七章

衢州柑橘周年低碳管理日历

一、一月柑橘农事安排

一月衢州柑橘农事管理

衢州处于柑橘栽培的北缘地带，1月均温5.2℃，年极端低温在 –6.9 ～ –5.0℃，出现频率达28%。1—2月是一年中最寒冷的时期。作为常绿果树的柑橘，衢州偶有冻害发生。2021年初严重冻害记忆犹新。因此冬季要提早做好相应管理，改善来年柑橘的生产。

1. 防冻对策

1月是衢州柑橘冻害的高发时节。柑橘的冻害是由于低温引起营养器官与生殖器官受害或死亡的现象。影响冻害的因子有柑橘的品种（系）、砧木、植株生长状况、病虫害状况、低温强度、低温持续时间、天气、风速及地形地势等。橘树受冻后，春季发芽推迟，叶片数明显减少，春梢生长量少，梢短而细，生理落果期拉长，坐果率降低。冬季防止落叶是维持树势的重要措施。

柑橘冻害的主要防御措施如下。

（1）枝干涂白。白涂剂调匀涂主干大枝，既杀虫灭菌，又防冻防日灼。配方可选用：生石灰0.5千克，硫磺粉0.1千克，水3～4千克，加食盐20克左右（图7–1）。

（2）培土覆盖。培入草皮土、塘泥、土杂肥等，加厚土层，护根防寒，培高 20 ～ 30 厘米。地面利用稻草或其他作物秸秆覆盖树盘或全园，厚度 10 厘米以上。对幼树、苗圃等，可用草帘、薄膜、防寒布搭防冻棚，设防风障等覆盖保温（图 7-2）。但注意晴天中午及时掀开密闭薄膜、防寒布等防止高温烫伤叶片，闷坏树体。

图 7-1　树体涂干

图 7-2　树体绑草防冻

（3）对于干旱的橘园，寒潮来临前，用 0.3% ～ 0.5% 尿素水加 0.3% 磷酸二氢钾根外追肥 1 ～ 2 次。

（4）注意收看收听天气预报，寒潮来临时熏烟，每亩橘园设置 4 ～ 5 个熏烟堆，在降霜的凌晨点火熏烟。但要注意安全，以防火灾。

（5）遇雪天，加强检查，及时摇雪，防止积雪压断枝干。

2. 贮藏管理

通风库贮藏要门窗遮光，保持室内温度 5 ～ 20℃，以 5 ～ 10℃最适宜，宽皮柑橘类（椪柑、蜜橘等）5 ～ 8℃、相对湿度 85% ～ 90%，昼夜温差变化尽量要小。贮藏期间，当气温低于 4℃时，关闭门窗，加强室内防寒保暖，实行午间通风换气。定期检查果实腐烂情况，烂果要挑出处理，若腐烂不多，尽量不要翻动果实（图 7-3）。

图7-3　柑橘采后贮藏

3.清园、开沟

利用冬闲，清理橘园（图7-4），剪除枯枝、病枝，适当剪短徒长衰弱枝，铲除杂草，扫净落叶、烂果，并用石灰刷白树干，封闭树干上的虫孔裂缝。

来年开春需要栽植的橘园，挖好定植墩、穴、沟。定植沟按深、宽各80～100厘米挖好。按株行距要求，将墩底挖深30厘米，在墩底或定植沟内填压基肥，每亩施入腐熟的有机肥或绿肥1～2吨。

图7-4　橘园清园

二、二月柑橘农事安排

二月衢州柑橘农事管理
（立春至雨水，花芽分化时期）

二月"乍暖还寒，最难将息"。与最冷的一月相比，二月极端最低气温稍有升高，极端最高气温则有明显升高，天气多变，冷暖空气交替活动频繁，气温日差较大，气温回升与骤降也会导致冻害的发生。另外，二三月份也是柑橘定植、修剪、清园的适期。柑橘管理上应当注意作好以下措施。

1. 土肥水管理

去年秋冬季干旱缺水，部分橘区采收较迟，施肥过迟或未施，树势衰弱，应当及时抓紧土肥水管理。可以每亩添加 2 吨左右的腐熟有机肥料和客土（图 7–5）。土壤酸性，pH 值在 5.5 ～ 6.5 的，每年亩施用 20 ～ 40 千克石灰；偏酸性，pH 值在 4.5 ～ 5.4 的土壤，应当连续 3 年亩施 60 ～ 80 千克石灰矫正。深翻可以分年度进行，一次断根过多，会削弱树势。春肥用量应以树势、土壤肥力和树冠大小不同而定，施用量占全年的 15% ～ 25%，春梢抽发前半个月左右，浇施以速效性氮肥为主的春梢肥。

幼年树以豆科绿肥或速效性氮肥为主，3 ～ 5 年生树，尿素 0.10 ～ 0.15 千克，钙镁磷肥或过磷酸钙 0.10 ～ 0.15 千克。成年树以氮、磷肥为主，按 50 千克株产计算，施尿素 0.20 千克，有机肥 2.5 千克左右或三元素复合肥 0.50 ～ 0.75 千克。弱树、树冠大的树可适当多施。

施肥时要注意田间持水量，土壤干旱时应先灌水，后将肥料充分稀释后在树冠滴水线处浇施；土壤持水量适度时，也宜将肥料稀释后浇施。严防干旱时肥料干施，伤根而削弱树势。早春开花前易出现春旱的地区，应在萌发前结合施肥进行灌水或每株灌施添加含尿素 50 ～ 100 克的稀薄粪水，如水分不

图 7–5　施有机肥

足，会延迟萌芽期。多雨或地下水位高的橘园要做好排水工作。

2.栽植管理

早春萌芽前是柑橘类的栽植适期，衢州一般在 2 月下旬开始。选择具抗病性、抗逆性强的优良品种发展，如宫川温州蜜柑、椪柑、地方特色品种、杂柑类等名、特、优、新、稀品种。苗木以当地繁育为主，遵守植物检疫法规，严禁黄龙病发生区的橘苗外运。低洼平原地橘园的筑墩定植，丘陵坡地的橘园宜作梯田定植，施足基肥，每亩施入腐熟的有机肥或土杂肥 1.5 ～ 2 吨，与墩（穴）土拌匀，将苗木的根系和枝叶适度修剪后放入墩（穴）的中央，舒展根系，扶正，一边填入细土，一边轻轻提苗，踏实，使根系与土壤密接，在根系范围浇足定根水。栽植深度以根颈部嫁接口露出地面 5 厘米为宜（图 7–6）。

图 7–6　春季橘树定植

3.修剪与间伐

在 1 月修剪的基础上，进一步作好修剪和密植园的疏伐。幼年树以培养树形为主，宜轻剪，温州蜜柑等品种的适宜树形为自然开心形。对花量多的成年树，可在 2 月中下旬，霜冻结束后开始，以回缩为主；对花量少的树，可延迟到 3 月开始，以疏删修剪为主。

剪除病虫枝叶，挖除死树，清除枯枝落叶，铲除霉桩，总修剪量不要超过总叶数的15%。对密植的橘园，凡树枝密接、交叠的，应进行计划间伐、回缩，以提高果实品质，便利管理操作。对生长势强旺、树冠枝密度大、树冠内透光差的继续实施疏删大枝，开"天窗"。

4. 越冬病虫害的防治

春梢萌芽前，进一步防治越冬害虫，降低果园虫源基数，可有效降低来年病虫发生率，减少喷药次数。可投放捕食螨防治红蜘蛛或者矿物油（绿颖）+ 杀菌剂，99% 矿物油绿颖 150 ～ 200 倍液对减少红蜘蛛、蚧类密度有效果，同时对黑点病、炭疽病等有一定的防治作用（图 7-7，图 7-8）。树势衰弱或温度过低时喷布会助长落叶，可以在 2 月下旬开始至萌芽前喷布。清园的药剂还可以用波美度 1 ～ 3 度的石硫合剂。

图 7-7　柑橘红蜘蛛　　　　　　图 7-8　介壳虫

三、三月柑橘农事安排

三月柑橘栽培农事管理

（惊蛰至春分，花芽分化期、春梢期）

1. 促花芽、春梢管理

树势较弱的树体相较树势强的更早抽出花芽，长出花苞（图

7-9），花芽开始抽发（橙类和蜜橘类较早，椪柑略晚，金柑类更晚）。

图7-9　柑橘发芽、现蕾、花苞

　　挂果树：此时重点工作应当以促花芽为主，保证今年的开花质量和数量才能保证今年的产量和收入，根部淋施花芽肥；叶片使用芸苔素喷施。

　　幼果树：应当以促春梢、护春梢为主要工作，保证有强壮健康的春梢，根部淋施平衡性复合肥。

　　2. 病害防治工作

　　（1）炭疽病发生。春季管理不善的橘园容易发生炭疽病（图7-10），造成大量落花、落叶，进而造成减产。

　　（2）枝条及叶片黑点病发生。萌芽、春梢期病害防治：此时病害发生以炭疽病、对去年未能防治好

图7-10　柑橘炭疽病落叶

的黑点病为主（图 7-11），春梢期为重点防治时间，建议在花芽及春梢抽发前使用杀菌剂（石硫合剂、代森锰锌等）针对性防治，当春梢抽发 3 ~ 5 厘米后再次用药进行防治。

图 7-11　柑橘黑点病为害枝条和叶片

3. 虫害防治

（1）暖冬气候区域柑橘红蜘蛛暴发（图 7-12）。如果没有进行彻底的清园或者没有进行清园的果园，红蜘蛛已经开始大量暴发，造成大量落叶，后期落花。而此时温度相对较低（平均温度 20℃以下），一般杀螨剂受温度影响较大，效果表现不明显，较难防治。

（2）蓟马（图 7-13）、花蕾蛆（图 7-14）。此时这些虫类也开始活动、主要为害花器、幼果等，应当以预防为主，提前做好预防工作。

图 7-12　柑橘红蜘蛛发生　　图 7-13　柑橘花蓟马发生　　图 7-14　花蕾蛆形成的灯笼果

4. 农事操作

（1）以促花芽、护春梢为主。

（2）春季修剪，挂果树剪除病枝、残枝、冻害枝。

（3）合理淋施花芽肥。

（4）果园恶性杂草处理谨慎使用除草剂，以割草机割除或人工铲除为主。推崇橘园生态生草栽培，以白三叶、紫云英、箭舌豌豆等浅根系、低矮豆科草为主。

四、四月柑橘农事安排

四月柑橘栽培农事

（清明至谷雨，春梢抽发期，开花期）

4月上旬雨量会逐渐增多，气温也开始稳定，衢州柑橘进入开花期（图7-15），幼果出现（图7-16）。柑橘园春季雨水偏多，温湿度适宜，病虫容易滋生，也容易引起异常落花落蕾，是柑橘生产的关键时期之一，需做好以下工作。

图 7-15　柑橘花期　　　　　　图 7-16　柑橘幼果

1. 土肥水管理

要做好清理、疏通橘园四周排水沟，做好排灌水以及保土工作，保障植株的正常开花结果。对树势弱、花量多的成年树，宜补施花蕾肥，促进新梢老熟，可以施入复合肥 0.2～0.3 千克或稀薄人粪尿 10～20 千克。对幼年树，要继续每月追施尿素、人粪尿等速效性肥料，促进枝梢生长。一般每株施入尿素 0.1～0.2 千克或稀薄人粪尿 5～10 千克（图 7-17）。未进行间作的成年果园可考虑进行生草栽培，即果园内选留良性杂草，不仅省工而且有水土保持效果，

图 7-17 幼树施速效肥

并可增加土壤中有机质、改善果园生态环境，如箭舌豌豆、白三叶、紫云英和大豆等，春季绿肥在 4 月下旬至 5 月下旬深翻压绿。每年割下鲜草还田及草根更新，可逐年提高土壤有机质、活化土壤、提高柑橘根群活力。

2. 疏蕾（花）控梢

上年结果多、采收迟的橘树，花量偏少的植株较多（图 7-18），在春梢长至 2～4 厘米时，采取疏强留弱，按"三疏一""五疏二"疏去部分春梢，有利于保花，减轻落蕾落花；若花量多、树势弱的结果树和幼树，应当适当疏去部分花蕾或花枝，减少树体营养消耗（图 7-19）。在初花期喷施以硼为主的叶面肥（不必连年使用），坐果率不高的品种在花谢 3/4 时喷布一次 5 毫克/千克赤霉素进行保花保果；在谢花期补施叶面肥，选用 0.3% 尿素加 0.2% 磷酸二氢钾，或其他果树营养液进行树冠喷布，可以有效减轻花后落果。

图 7-18　柑橘春梢　　　　　　图 7-19　柑橘抹梢

3. 病虫防治

衢州市柑橘潜叶甲经常发生，特别是春梢时期，为害严重，选用高效氟氯氰菊酯 800 倍液 +1.8% 的阿维菌素 1 500 倍液及时防治（图 7-20，图 7-21）。蚜虫（图 7-22）用黄板或者 20% 吡虫啉防治。柑橘疮痂病（图 7-23）在花谢 2/3 时用波尔多液等药剂防治，上年秋梢叶发病率 5% 以上的园块，春梢长 0.2 ～ 0.3 厘米时和花谢 2/3 时均需喷药；发病率 5% 以下的园块，主要抓花谢 2/3 时喷药；花谢 2/3 时可选用代森锰锌或 70% 甲基托布津可湿性粉剂 800 倍液等；甜橙类等对溃疡病敏感的品种，在花谢后 10 天左右用波尔多液等药剂防治，并兼防黑点病、树脂病、炭疽病等。发现有天牛幼虫的新鲜虫粪时，用钢丝钩杀。在成虫开始产卵前（3月下旬至 4 月上旬）距地面 1 米以内的枝干，用透明胶带包扎或涂白，阻止产卵。蚧类、螨类和煤烟病等较多的柑橘园。大棚内柑橘红蜘蛛随着气温升高，繁殖加快，及时选用绿颖矿物油 + 螨危等防治。

图 7-20　潜叶甲幼虫

图 7-21　潜叶甲成虫

图 7-22　蚜虫为害春梢

图 7-23　柑橘疮痂病叶片

五、五月柑橘农事安排

五月柑橘栽培农事

（立夏至小满，花期、生理落果期）

进入 5 月柑橘谢花接近尾声（图 7-24），花期天气基本晴好，有利于坐果，但衢州市 5 月上中旬偶尔会出现降雨或异常高温，应做好保果、防治病虫害等工作。

图 7-24 柑橘谢花

1. 保果

5月初进入柑橘谢花末期，中下旬幼果生长，并进入第一次生理落果期（图7-25）和第二次生理落果开始期。柑橘第一次生理落果期，此时脱落的多为花质弱的小果，在谢花后连同果梗一起脱落。

图 7-25 柑橘第一次生理落果

2. 土肥管理

花多的弱树在5月上中旬第二次生理落果前，增施一次稳果肥，以速效性无机肥为主，配施有机肥，施用量占全年总量的10%～15%。一般每株施柑橘专用复混肥0.5～1千克。对今年花量少的橘树，应当加强根外追肥，选用0.3%尿素加0.2%磷酸二氢钾，或其他果树营养液进行树冠喷布，也可适当添加硼砂等补充微量元素（图7-26）。幼龄结果树每隔7～10天抹一次夏芽，以利于保果。

继续做好疏通沟渠，深翻压绿，结合稻草、杂草覆盖树盘，提高土壤有机质含量。

图 7-26　柑橘喷施叶面肥

3. 病虫防治

柑橘红蜘蛛随气温升高，繁殖加快，可选用 99% 绿颖（注意 30℃以上高温天不要使用）+ 螨危或乙螨唑等防治。柑橘疮痂病第二次防治时期在花谢 2/3 时，可选用铜制剂防治。5 月各种蚧类幼蚧（图 7-27）盛发期，还需进行尺蠖（图 7-28）、天牛（图 7-29）、灰象甲（图 7-30）、黑点病（图 7-31）、灰霉病（图 7-32）等病虫害防治。老橘园天牛防治可采用 2 ～ 4 块长 40 ～ 50 厘米湿杉木板绑缚橘树根颈部，提供天牛蛀孔、产卵场所，而减少对柑橘树干的为害。对于柑橘黑点病发生严重区域，抓住防治关键期！

图 7-27　长白蚧

图 7-28　尺蠖

图 7-29　星天牛

图 7-30　灰象甲

图 7-31　柑橘黑点病

图 7-32　柑橘灰霉病

六、六月柑橘农事安排

六月柑橘栽培农事

（芒种至夏至，生理落果期、夏梢抽发）

6 月是浙江省的梅汛期集中时段，降水多，强度大且相对集中，易造成洪涝灾害。当年开花后的天气状况良好，坐果率较高，第二次生理落果（图 7-33）尚未结束，又值夏梢抽发期（图 7-34），重点应抓好控制夏梢、保果与树体管理。

图 7-33　柑橘第二次生理落果　　图 7-34　柑橘夏梢抽发

1. 继续保果

5月中下旬开始的第二次生理落果期（又称6月落果），与第一次生理落果期的区别是落果不带果梗。对树冠所结果实大小不明显、小果为多的，为了减轻落果，要加强根外追肥，隔10天左右喷0.2%尿素加0.3%磷酸二氢钾或营养液肥，山地橘园加0.2%硼砂喷雾。幼龄结果树、容易发生落果的强旺树，每隔7～10天抹一次夏梢，以利保果。针对梢果养分竞争比较激烈，容易加剧落果的情况，对已经实施环剥（剥幅2～3毫米）的强旺树，应当在6月上旬前再检查一次，对提前愈合的环剥口重新擦去愈合组织。

（1）树体管理。对幼龄树，在夏梢抽生25～30厘米以上时进行摘心，促发分枝和抽梢，扩大树冠。对成年结果树，应通过肥水控制和抹芽控制夏梢抽发和生长。衰老树、重剪树、高接树等枝干裸露的，随着气温升高，光照强烈，容易发生枝干灼伤，应当涂白（图7-35）。6月底第二次生理落果结束后可以开始进行粗疏果。这时主要是针对着果多的植株进行，疏果动手前，先对全园作大致判断，从着果过多的橘树着手，按叶果比15∶1进行，先粗疏果，疏病虫果、畸形果、机械损伤果、小果和过密。梅雨季节，任由杂草生长，疏通沟渠，防止积水。

图7-35　柑橘主干涂白

（2）病虫防治。此时高温多湿，柑橘病虫害进入暴发期（图7-36，图7-37）。可以树盘撒施四聚乙醛粉剂防治蜗牛。用菊酯类农药防治蜡蝉类若虫。若叶或果在10倍放大镜下每视野1～2头锈壁虱，或者春叶背初现被害状，可以选用99%绿颖乳油300倍液+阿维菌素2 500倍液1次防治锈壁虱。6月底至7月上旬再防治一次黑点病，用99%绿颖乳油300倍液+代森锰锌600～800倍液防治。天牛可通过捕捉成虫、钩杀幼虫时，用20%阿维三唑磷50倍液的棉花塞住洞口，外封黏泥等方式防治。蚧类在第一、第二代孵化期用99%机油乳剂200倍液、25%噻嗪酮（扑虱灵）1 000倍液等药剂防治。

图 7-36　蜗牛为害柑橘果实

图 7-37　广翅蜡蝉

七、七月柑橘农事安排

七月柑橘栽培农事
（小暑至大暑，果实生长发育，生理落果结束）

图 7-38　柑橘幼果

7月是浙江省的梅雨期，各地出现暴雨、大暴雨的机会明显增多。同时，柑橘生理落果陆续结束，幼果迅速膨大（图 7-38），是柑橘的需肥临界期，锈壁虱发生增多，夏梢大量抽发，为保障柑橘的正常生长发育，应当做好以下几项管理工作。

1. 肥水管理

7月出梅后易逢高温伏旱，要特别注意当地气象台站的天气预报。干旱时，在树盘内用秸秆覆盖，厚度15～20厘米，覆盖物与根颈保持10厘米的距离，注意防止由于水分供给不平衡引起的温州蜜柑等早熟宽皮柑橘的裂果，同时要密切注意暴雨出现，对地下水位高的橘园，应修整沟渠，做好排水疏通。施用壮果肥在秋梢抽发前1～2周内施用为适。幼龄树可株施复合肥0.5～1千克，促进夏梢生长、秋梢萌发，扩大树冠。如树势偏弱，则壮果肥适当增加，或在7月上中旬以钾、氮为主，配合施用磷肥，施用量占全年的20%～40%，促进秋梢整齐抽发。未结果强旺树、结果量少的橘树可少施或不施。

2. 控梢疏果

夏季修剪在放秋梢前15～20天进行。幼树抹去主干、主枝以下的不定芽或零星新梢，短截徒长枝，夏梢摘心促发第二次夏梢或秋梢，培养树形结构和促进扩大树冠。对初结果树夏梢25～30厘米以上的进行摘心或短截。对衰老树适当短截，促发新梢，更新复壮树体。夏梢一般多发生在强树势或结果少的橘树上，继续抹除晚夏梢至7月中旬，衰老树、结果多的树在7月下旬放梢。生理落果结束后，针对着花多的植株可以进行早期粗疏果（图7-39），疏去过密小果、畸形果、病虫害果，保留发育正常、在树冠内均衡分布的幼果，确保留下的果实生长发育正常，外观内质好。

图7-39　柑橘疏果图示

3. 病虫防治

由于梅雨期间温湿度适宜，易滋生病害，要注意加强查看，积极防治，如有发生，及时防治，及时控制病害。树干涂白，特别是高接树，防止因日灼诱发树脂病；出现个别铜皮果或锈螨（图7-40），可以选用机油乳剂（如绿颖）150～200倍液等。机油乳剂还可兼治蚧类、粉虱类害虫。改善树冠的通风透光，剪除枯枝是减轻黑点病发生的重要措施，可以用80%大生M-45可湿性粉剂600倍液防治，注意在降雨250毫米后再防治一次。继续捕杀、毒杀天牛及用杀虫灯诱蛾。蚱蝉（图7-41）以诱杀、人工捕杀为主，并剪除产卵枝集中烧毁。

图 7-40　锈壁虱为害果实　　**图 7-41　蚱蝉蜕壳**

八、八月柑橘农事安排

八月柑橘栽培农事

（立秋至处暑，秋梢发生期、果实膨大期）

8月是柑橘果实发育的重要时期。天气少雨晴热，也是一年中气温最高的时期。因此，要避开烈日炎炎下的田间作业，选择早晚时间段进行有效管理。

1. 树冠管理

对于果量多的橘树，为了确保来年的花量，减轻大小年，要进行适当的疏果。从早熟品种开始，视树冠结果状况，疏除病虫果、畸形果、裂果、朝天果与特大（小）果，提高果实大小、外观及品质的一致性。柑橘的果实品质与果梗的粗细关系很大，果梗细且下垂生长的果实，品质及外观都不错；相反，果梗粗、朝天的果实容易发育成大果或特大果，果皮粗糙，风味差。对天草等杂柑品种来说，疏果可以适当延后。日照强烈的果园（图7–42），可喷 2% 的石灰乳，或对树冠外围迎阳光面果实粘贴浅色纸，以减轻日灼；剪除 6 月下旬至 7 月中旬抽发的夏梢及病虫枝。完熟采收的早熟温州蜜柑从 8 月下旬至 10 月中旬，隔 20～30 天喷布 1 次 2% 碳酸钙或用 1% 浓度隔周连喷 2 次，可以减轻浮皮。秋梢期树冠喷布 2～3 次磷酸二氢钾、复合肥等营养液，有利于提高果实品质，

图 7–42　柑橘日灼果

促进花芽分化。随着果实的迅速膨大，结果多的枝梢下垂，可以采用竹子等材料支撑，减少果实的表面损伤和地熏果的发生。

2. 土肥水管理

持续高温干旱给柑橘生产带来严重的影响，过度的土壤干旱使得果实膨大受到抑制，果实酸度高，并引起落叶、树势衰弱。随着土壤的干燥，在叶片出现萎蔫到次晨仍然不能复原的，要及时灌溉，在早晚灌水（图 7–43）或滴灌、微喷管道灌溉（图 7–44），每次灌水量要达到 5～10 毫米，保证果实正常生长发育和迅速膨大。对树冠覆盖率较低的幼龄橘园，采取树盘铺草（图 7–45），埋压夏季绿肥，地面覆盖地膜或树冠覆盖遮阳网（图 7–46），浅沟灌水。对台风可能经过的路径橘园，要做好预防强风、暴雨的对策准备，幼树、高接树要绑缚支柱，同时做好修整沟渠，使之能够及时排水疏通，尤其对那些容易因暴雨成灾的山坡地或地下水位高的平原橘园。丘陵、坡地的地膜覆盖可以在 8 月中下旬进行，土层深、土壤不易干燥的橘园，可在持续 1 周干燥后覆膜，土层浅的园地、干燥较容易的地区，可在降雨后覆膜，可以防止雨水进入土壤，减轻浮皮，提高糖度。

图 7-43　沟渠灌水

图 7-44　柑橘树盘滴灌喷灌

图 7-45　柑橘树盘铺设稻草

图 7-46　柑橘搭建遮阳网

3. 病虫害防治

　　做好柑橘凤蝶幼虫（图 7-47）的防治，可通过人工捕杀或 5% 高效氯氟氰菊酯 1 500 倍液等。秋梢抽生 0.5 ~ 1 厘米长时及时喷 1 次药剂防治潜叶蛾，可以选用 2.5% 菊酯类乳油傍晚进行为宜。炭疽病的防治可选用 80% 大生 M-45 可湿性粉剂 600 倍液，每 7 ~ 10 天 1 次，连续喷药 2 ~ 3 次。同时，应当注意柑橘木虱类二、三代若虫盛发（图 7-48），秋梢嫩梢是木虱的食害时期，用 10% 吡虫啉可湿性粉剂 2 000 ~ 3 000 倍液防治，务必重视防治，

避免带毒木虱传播黄龙病。早熟品种可套袋，防止吸果夜蛾为害。

图 7-47　凤蝶幼虫　　　　　　图 7-48　柑橘木虱

九、九月柑橘农事安排

九月柑橘栽培农事

（白露至秋分，根系生长期、秋梢成熟期、果实膨大期）

9 月是柑橘根系生长，果实迅速膨大期（图 7-49），秋梢进入生长老熟期，当气温稳定在 15 ～ 18℃，枝梢停止生长，养分积累充实时间达到 2 个月左右，柑橘即进入花芽分化的开始期。本月会延续晴热天气，当有台风来时会降温降雨。本月主要工作是增施磷、钾肥提高品质，促进花芽分化、树体管理、播种绿肥及土壤水分管理、病虫害防治。

1. 土肥水管理

秋季适当控制施肥量，尤其是氮肥，即少施氮肥，适施磷肥，增施钾肥，多次喷洒钙肥，以利于提高果实品质，减轻裂果与浮皮。幼龄树停止施肥；对结果多、

图 7-49　椪柑果实迅速膨大

土壤肥力一般的橘园可以适当补充增施以磷、钾肥为主的壮果壮梢肥，促进秋梢生长充实和补偿果实膨大期大量消耗的养分。由于柑橘果实继续膨大，需水量较大，干旱时仍应及时灌水（图7-50），同时可采取树盘生物覆盖或薄膜覆盖，以减轻干旱对果实品质的影响。每年台风会给衢州带来降温降雨，但要继续做好防台防涝、开沟排水以及高接树的新梢绑缚。晚秋梢在浙江省多数柑橘产区不能充分成熟，大部分还将受潜叶蛾为害，一般都需剪除，有利果实糖分积累、品质提高和降低病虫害。

图7-50 柑橘树盘微喷

2. 果实管理

本月为部分柑橘品种的裂果高发期（图7-51），继续采用综合措施防治裂果，降低裂果发生率。特早熟温州蜜柑，根据果实品质和着色状况选果采收。延续8月的管理，隔20～30天喷布1次2%碳酸钙或用1%浓度隔周连喷2次，以减轻浮皮的发生。继续注意结果过多橘树的疏果，疏去过密小果及畸形果、病虫害果。结果量大的橘树提前开始撑枝吊果（图7-52），以防压断枝条，损害树体，果实无法成熟。

图7-51 柑橘果实裂果　　　　　图7-52 柑橘撑枝吊果

3. 病虫害防治

注意炭疽病、红蜘蛛、吸果夜蛾（图7-53）等病虫害防治。随着高温的减退，柑橘红蜘蛛的繁殖率有明显增快，9月是红蜘蛛的第二次高峰发生期，应密切注意虫情，及时防治，可选用95%机油乳剂（绿颖乳油）150～200倍液。果实生长期遭大风暴雨后和果实成熟前期易发生柑橘炭疽病，会降低橘果的贮藏性能，严重时会引起采前落果，可喷0.5%等量式波尔多液或75%百菌清可湿性粉剂800倍液或70%甲基托布津可湿性粉

图7-53 吸果夜蛾为害果实

剂 800 倍液等，隔 15 天左右喷药 1 次，连喷 2～3 次。

十、十月柑橘农事安排

十月柑橘栽培农事
（寒露至霜降，果实着色、成熟期）

金秋十月，秋高气爽，丹桂飘香，橙黄橘绿。柑橘果实转色（图 7–54）、陆续成熟采收的时节，也是栽培措施对品质影响最显著的时期。一年的收成就在眼前，应当做好以下工作。

图 7–54　柑橘转色

1. 继续控水

保持橘园土壤水分在比较干燥的状态，有利于果实着色、糖度的提高和品质的改善。地膜覆盖的橘园（图 7–55），注意检查覆膜是否完好，既要避免雨水渗入，又要在连续干旱时注意观察叶片是否出现了萎蔫，及时揭膜补充水分。文旦、脐橙此时容易发生采前落果、裂果，干旱前应搞好树盘覆盖，尽量保持土壤疏松、湿润，减少土壤水分蒸发，在持续半个月不下雨时要及时灌水，以满足果实继续增大对水分的要求。

图 7–55　橘园覆膜控水

2. 适期采收

鲜果销售的柑橘应掌握在果实充
分成熟达到该品种固有的色泽，果汁
达到一定的糖酸比时采收（图7-56），
宽皮柑橘类的糖酸比达（11～16）:1，
柚类、甜橙类（10～12）:1时为宜。
早熟温州蜜柑在浙江的普通成熟期是
10月中下旬，若延迟到完全成熟期的
11月上中旬采收，可以使得果实充分
着色，肉质明显提高。但是完熟采收
的植株要求选择地下水位较低的砂壤

图7-56　柑橘采收

土或轻壤土，树势中庸的成龄结果树，
适宜品种有宫川、兴津早生温州蜜柑、椪柑等。采前如遇连续下
雨，不利于贮藏，容易发生褐腐病，应当注意防病和细致采摘，大
风大雨后隔2天再采。

3. 施好采果肥

为提高土壤肥力和恢复树势，早熟品种应当在果实采收后及时
施肥，施肥量占年施肥量的40%～50%，以腐熟有机肥（图7-57）

图7-57　橘园施有机肥

为主的肥料和适量的磷肥、尿素或复合肥等化学肥料，结合土壤深翻深施。采果肥，每亩施纯氮 4 ～ 6 千克、磷 2 ～ 2.5 千克、钾 3 ～ 3.5 千克，以利恢复树势。株产 50 千克果实的树，株施饼肥 5 ～ 7.5 千克、磷钾肥各 0.5 千克或钙镁磷肥 1.5 千克，尿素 0 ～ 0.2 千克。采前肥以深施为主，采用放射状沟施、壕沟法或扩穴深翻法。幼树本月不要施肥。

4. 防治病虫，冬季清园

重点防治红蜘蛛、介壳虫（图 7-58）、吸果夜蛾等病虫害。10 月气温仍在 20℃左右，柑橘红蜘蛛的增殖依然较快，是为害的猖獗期之一，要勤检查，发现每个视野有 2 ～ 3 头时要及时喷药，可以选用绿颖矿物油 500 倍液＋螨危，可每隔 7 ～ 10 天喷一次，连续 2 ～ 3 次。若在 10% 果实发现每果有 2 头黄圆蚧、褐圆蚧、矢尖

图 7-58　柑橘介壳虫

蚧若虫，可以选用 99%绿颖机油乳剂 500 倍液 +25%优乐得（噻嗪酮）可湿性粉剂 1 000 倍液喷药 1 ～ 2 次。吸果夜蛾可用灯光诱杀、果实套袋，或将浸过约 3 分钟 30 倍液 40% 丙硫磷乳油或 50% 乙基辛硫磷乳油的瓜果挂在橘园内诱杀，每亩放置 4 ～ 5 个钵，高度与树冠顶部相近，每天清晨捞出死蛾，隔 4 ～ 5 天换药 1 次。药剂防治可选用 5.7% 氟氯氰菊酯（百树得）乳油 1 000 ～ 3 000 倍液或 2.5% 顺式氟氯氰菊酯（保得）乳油 1 000 ～ 2 500 倍液等拟除虫菊酯类农药等，隔 15 ～ 25 天 1 次，采收前 25 天禁用。

十一、十一月柑橘农事安排

十一月柑橘栽培农事

（立冬至小雪，果实成熟期、花芽分化期）

11 月是衢州柑橘最重要的采收期，冷空气活动增多，雨量增

加，气温还未下降，但也快降温。随着温差继续增大，果实转色加快（图7-59），糖度增加，这一时期柑橘的栽培应当做好以下几项工作。

图7-59　柑橘果实挂满枝头

1. 适时采收

由于衢州夏秋季降水量少，土壤含水量低，降低了柑橘完熟采收果实的浮皮发生程度，可溶性固形物含量高，同时含酸量也增高。鲜销柑橘应掌握在果实充分成熟达到该品种固有的色泽，果汁达到一定的糖酸比时采收，宽皮柑橘类的糖酸比达（11～16）:1，柚类、甜橙类达（10～12）:1时采收，以达到最佳的品质。宫川、兴津早熟温州蜜柑可以成熟一批，采收一批，在10月上旬及时销售（图7-60）。椪柑采收一般在11月中下旬。密切关注天气预报，如有霜冻，及时采收（图7-61）。采收期间，遇霜、露、雨水未干和雾天不宜采收，大风大雨后隔2天采。

图 7-60　温州蜜柑采收

图 7-61　椪柑橙黄待采收

2. 保鲜贮藏

（1）保鲜。目前柑橘的常用保鲜剂及其用量为：抑霉唑（戴挫霉）400～500毫克/千克，扑霉灵250～500毫克/千克，百可得250～500毫克/千克，或者施用保功250～500毫克/千克等。采前3～5天，用防腐保鲜剂喷洒树冠，采后不处理；或者在采后1天内，将果实在保鲜剂药液中浸湿，取出晾干。

（2）贮藏。用于贮藏的柑橘果实，必须严格剔除伤果、病虫害果、落蒂果及残次果，进入贮藏库前，置于通风条件良好的地方预贮3～5天后，可采用聚乙烯薄膜袋或聚乙烯保鲜袋单果包装，再入库贮藏（图7-62）。宽皮柑橘类适宜的贮藏温度为5～8℃、柚类和甜橙类3～5℃，库内的相对湿度以控制在85%～90%为宜。贮藏初期，库房内易出现高温高湿，当外界气温低于库房内温度时，加强通风，降低库房内的温湿度。当库房内相对湿度降到80%以下时，可以加盖塑料薄膜保湿，同时可通过在地面洒水或盆中放水等方法，提高空气湿度。定期检查果实腐烂情况，烂果要挑出处理，若腐烂不多，尽量不翻动果实，按

图 7-62　椪柑贮藏保鲜

市场行情变化适期分批出库。

3. 土壤管理

秋冬季干旱，根系的生长与吸收受到影响，柑橘采收后，应当适度灌水，补充肥水。柑橘的采收期施肥宜早不宜迟，在低温来临前施下，及时补充营养，恢复树势，促进花芽分化，提高橘树抗寒能力。如果施肥过迟，地温降低则养分不易吸收，树势就不易恢复。对完熟栽培的品种，以及天气温暖多雨的情况下，考虑到可能延迟着色、发生浮皮，可以稍微延迟施肥。普通温州蜜柑应在 11 月中下旬前施肥。施肥量占年施量的 40% ～ 50%，以腐熟有机肥为主的肥料和适量的磷肥、尿素或复合肥等化学肥料。完熟栽培及结果较多的植株，可以在施肥的同时，进行叶面追肥，每隔 7 ～ 10 天连续喷洒几次复合型叶面肥，可用 0.4% 的尿素或易溶性复合肥料等溶液，以促使树势的早日恢复。本月是幼龄树施肥的年度最后一次，不要错过。

4. 病虫防治

采果后树势基本恢复，须及时喷药防治冬季病虫害，重点防除螨类和蚧类等越冬栖息的成虫、幼虫和虫卵（图 7-63），做到均匀、全面、彻底。药剂可选用 0.8 ～ 1 波美度石硫合剂等。螨类可采用 73% 克螨特乳油 2 000 ～ 3 000 倍液等喷施。吸果夜蛾可用灯光诱杀、果实套袋，或用药剂防治，可选用 5.7% 氟氯氰菊酯（百树得）乳油 1 000 ～ 3 000 倍液等菊酯类农药等，隔 15 ～ 25 天喷施 1 次，采收前 25 天禁用。

图 7-63　蚧壳虫类

十二、十二月柑橘农事安排

十二月柑橘栽培农事要点
（大雪至冬至、花芽分化期）

进入 12 月，受北方强冷气团的影响，气温将会明显下降，这一时期是柑橘采后做好越冬工作的重要时期。本月柑橘栽培管理重点应当做好以下几项工作。

图 7-64　椪柑采收

1. 及时采收

气温下降后，露地栽培的柑橘很容易受到寒流的袭击，会引起不同程度的浮皮、果皮冻伤等症状，因此要求及时、抓紧采收。椪柑、天草、鸡尾葡萄柚、春香、甜橘柚、胡柚等 12 月成熟的晚熟品种，应按果实的颜色、大小、重量、可溶性固形物等成熟度指标分期分批采收。贮藏果宜在果实 7 ～ 8 成熟时采收，比正常成熟期提早 7 ～ 10 天采收（图 7-64）。采果一定要选晴天露水干后进行，采果要先在距果蒂 1 ～ 2 厘米处剪下，再齐果蒂剪平，轻剪，轻放，以避免和减轻果实的损伤，影响货架寿命和贮藏性。

2. 合理贮藏

贮藏前应先打扫干净贮藏库房，洗净晒干贮藏用具。入库前 1 周，库房用 70% 的甲基托布津可湿性粉剂 600 ～ 800 倍液杀菌消毒。在入库 24 小时前，敞开窗通风换气，换入新鲜空气。目前主要应用的防腐保鲜药剂有 2,4-D、抑霉唑（戴挫霉）400 ～ 500

倍液、咪鲜胺（扑霉灵）500～1 000 倍液、双胍辛胺（百可得）250～500 倍液和施保功 250～500 倍液。

贮藏用果，可以采取采前喷药或采后浸果，即可以在采前 3～5 天，在上述药剂中任选 1 种按推荐浓度配成药液喷洒树冠，采后果实不处理。或者在采后 24 小时内，将果实按推荐药剂浓度浸湿，取出晾干。果实装入盛果容器中，置于通风条件良好的地方吹风 3～5 天预贮发汗（图 7-65）后，按鲜果要求进行分级，可采用聚乙烯薄膜袋或聚乙烯保鲜袋单果包装，可用内壁平整、洁净的竹筐、塑料箱和木条箱贮果，再入库贮藏。

冷库贮存应经 2～3 天预冷，最终的适宜温度是宽皮柑橘类为 5～8℃、柚类和甜橙类为 3～5℃，库内的相对湿度控制在 85%～90%。通风库贮藏要门窗遮光，保持室内温度 5～20℃，以 5～10℃最适宜，相对湿度 85%～90%，昼夜温差变化尽量要小。当气温低于 4℃时，关闭门窗，加强室内防寒保暖，实行午间通风换气。当库房内相对湿度降到 80% 以下时，应加盖塑料薄

图 7-65　椪柑入库发汗

图7-66 开沟施肥

膜保湿，同时可采用在地面洒水或盆中放水等方法，提高空气湿度。

3. 肥水管理

采果后喷一次 0.3% 尿素 +0.3% 磷酸二氢钾进行根外追肥，并进行一次灌水，以利恢复树势，保叶过冬，增强抗寒能力。大年树、老弱树要适当施氮肥，小年树应增施磷钾肥，与深翻压绿改土相结合进行（图7-66）。晚熟品种宜在采果前施一次采果肥，以促进恢复树势和花芽分化。施肥最好分 2 次进行，采前 7 ～ 10 天施一次，采后再施一次（最迟不宜迟于采后 10 天）。施肥量占年施肥量的 40% ～ 50%，一般株产 40 ～ 50 千克的柑橘树，施用 400 ～ 500 克尿素，500 ～ 750 克过磷酸钙，加适量钾肥或硼肥更好。干旱橘园，应重视适当灌水；低温地区也要适量灌水。

4. 防冻

冻害是柑橘生产中主要的农业气象灾害之一，可以通过及时灌水、施足冬肥减轻为害。其他农业措施包括以下方面。

（1）枝干涂白（图7-67）。用生石灰 0.5 千克，硫黄粉 0.1 千克，水 3 ～ 4 千克，加食盐 20 克左右，调匀涂主干大枝，杀虫灭菌。

（2）培土覆盖。培入草皮土、塘泥、土杂肥等，加厚土层，护根防寒，培高 20 ～ 30 厘米。地面利用稻草或其他作物秸秆覆盖树盘或全园，厚度 10 厘米以上。对幼树、苗圃等，可用草帘、编织袋、薄膜搭防冻棚（图7-68），设防风障等覆盖保温。

图 7-67　主干涂白防冻

图 7-68　树冠覆膜避寒

（3）增强树势。干旱的橘园，寒潮来临前，用 0.3% ～ 0.5% 尿素水加 0.3% 磷酸二氢钾根外追肥 1 ～ 2 次。在出现低温冷冻前 10 ～ 20 天，进行充分灌水。冰冻期不能灌水，以免加剧冻害。

（4）临时熏烟。关注天气预报，在寒潮低温期，每亩橘园设置 4 ～ 5 个熏烟堆，在降霜的凌晨点火熏烟，既可直接增温，又可在橘树上空形成烟幕层，防止降霜冻害，同时，可使橘园直接增温，减轻冻害。

（5）冻后修复。修剪枯枝、病虫枝，交叉枝、重叠枝，药剂清园。全树 30% 左右叶片受冻、一年生新梢轻度受冻的橘树，要及时摘除卷曲干枯的未落叶片，薄肥勤施。

5. 防治病虫害

采果后待树势基本恢复，须及时喷药防治冬季病虫害，喷药时应注意全树喷均匀、全面、彻底；树冠内外、主干、主枝、骨干枝、各级分枝，都要喷到位，只有这样才能消灭越冬栖息的成虫、幼虫和虫卵。采果后喷 1 次 70% 甲基托布津 800 倍液，以防治炭疽病。采果后立即清园，剪除枯枝、病枝，适当短剪徒长衰弱枝，铲除杂草，扫净落叶、烂果，然后用 0.8 ～ 1.0 波美度的石硫合剂喷洒橘园，以消灭越冬虫、卵，并用石灰刷白树干，用石灰封闭树干上的虫孔裂缝。还可以采用 0.8 ～ 1.0 波美度石硫合剂，10 ～ 15 倍松碱合剂等。

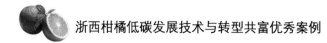

参考文献

衢州柑橘志编纂组，1997.衢州柑橘志［M］.杭州：浙江人民出版社.

陈国庆，许渭根，童英富，2006.柑橘病虫原色图谱［M］.杭州：浙江科学技术出版社.